工程流体力学习题解析

（第二版）

主　编　王世明　宋秋红　兰雅梅　夏泰淳

上海交通大学出版社
SHANGHAI JIAO TONG UNIVERSITY PRESS

内容提要

本书是《工程流体力学》(第二版)教材的习题解答,内容包括了全书各章的习题。可作为普通高等院校、成人教育及有关专业的流体力学课程教学参考书。

本书可配合教材使用,也可单独使用。

图书在版编目(CIP)数据

工程流体力学习题解析/王世明等主编. —2 版. —上海:上海交通大学出版社,2014(2023 重印)
ISBN 978-7-313-10817-3

Ⅰ. 工... Ⅱ. 王... Ⅲ. 工程力学—流体力学—高等学校—题解 Ⅳ. TB126

中国版本图书馆 CIP 数据核字(2014)第 015891 号

工程流体力学习题解析
(第二版)

主　　编:王世明　宋秋红　兰雅梅　夏泰淳
出版发行:上海交通大学出版社　　　　　　　地　　址:上海市番禺路 951 号
邮政编码:200030　　　　　　　　　　　　　电　　话:021-64071208
印　　制:常熟市文化印刷有限公司　　　　　经　　销:全国新华书店
开　　本:787mm×1092mm　1/16　　　　　印　　张:8.75
字　　数:204 千字
版　　次:2006 年 2 月第 1 版　2014 年 2 月第 2 版　　印　　次:2023 年 3 月第 4 次印刷
书　　号:ISBN 978-7-313-10817-3
定　　价:29.00 元

再 版 前 言

本书是与《工程流体力学》(第二版)教材配套的参考书,书中针对教材中的每一道习题,作了相应的指导和解析,旨在训练学生解决实际问题的能力,提高学习效率。这套书自 2006 年 2 月出版至今已逾 6 年,在此期间行后重印了多次,受到了广大教师和学生们的欢迎,并于 2007 年荣获上海市教委优秀教材三等奖。

为了使学生在学习流体力学过程中少走弯路,提高自学能力和增强学习的自主性。本书根据《工程流体力学》(第二版)进行了修订和补充,以适应大多数院校的教学需要。全书由王世明、宋秋红、兰雅梅、夏泰淳执笔编写,最后由宋秋红、夏泰淳统稿完成。

我们恳请教材的使用者,对本书的不足之处给予指正,使本教材能不断臻于完善。

编者

2013 年 12 月 12 日

前　言

　　本书是和《工程流体力学》教材配套的参考书。多年来,学生在学习流体力学过程中,总希望能有一本完整的习题解答,现将《工程流体力学》和本书同时奉献给广大读者,以便了却作者多年的心愿。

　　工程流体力学是一门理论性较强的专业基础课。流体运动具有复杂性和非直观性。因此,长期以来,学生在学习这门课程时会遇到很多问题,其中不少的问题具有共性,那就是流体力学的基本概念、基本理论如何应用于工程实践中;如何通过实践,加深对概念、理论的理解。这个问题如果得不到有效的解决,将直接影响到学生对这门课程学习的兴趣和深入掌握。目前,流体力学这门课程正在被愈来愈多的工科专业所选用,为了使学生在学习时少走弯路,提高自学能力,增强解决问题和分析问题的能力,同时出版教科书的配套习题解析参考书是很有必要的,本书的初衷就是为此而编著的。

　　在编写本书时,作者尽量注意突出解题步骤,压缩文字叙述,减略运算过程,其目的是将流体力学中的基本概念、基本理论、基本规律和处理流体力学各种问题的基本方法运用于题解之中,提供给学生正确的解题思路和分析方法,这样有利于培养学生分析问题、解决问题的能力。

　　本书的体例与教材相同,共分10章,每一章由选择题和计算题组成,共217道题。这些题目紧紧地和《工程流体力学》教材的理论内容环环相扣,给读者提供了完整的流体力学解题训练,与课程教学配合紧密,可起到很好的示范和引导作用。

　　本书中题目解答多数来源于刘岳元教授的手稿,全书由宋秋红夏泰淳审订定稿。

　　由于作者水平有限,再加上时间仓促,书中存在的错误,恳请读者指正。

作者

2012 年 9 月

目　录

第1章 绪 论

选择题

1.1 按连续介质的概念,流体质点是指:(a)流体的分子;(b)流体内的固体颗粒;(c)几何的点;(d)几何尺寸同流动空间相比是极小量,又含有大量分子的微元体。

解 流体质点是指体积小到可以看作一个几何点,但它又含有大量的分子,且具有诸如速度、密度及压强等物理量的流体微团。 (d)

1.2 与牛顿内摩擦定律直接相关的因素是:(a)切应力和压强;(b)切应力和剪切变形速度;(c)切应力和剪切变形;(d)切应力和流速。

解 牛顿内摩擦定律是 $\tau = \mu \dfrac{\mathrm{d}v}{\mathrm{d}y}$,而且速度梯度 $\dfrac{\mathrm{d}v}{\mathrm{d}y}$ 是流体微团的剪切变形速度 $\dfrac{\mathrm{d}\gamma}{\mathrm{d}t}$,故 $\tau = \mu \dfrac{\mathrm{d}\gamma}{\mathrm{d}t}$。 (b)

1.3 流体运动黏度 ν 的国际单位是:(a)$\mathrm{m^2/s}$;(b)$\mathrm{N/m^2}$;(c)$\mathrm{kg/m}$;(d)$\mathrm{N \cdot s/m^2}$。

解 流体的运动黏度 ν 的国际单位是 $\mathrm{m^2/s}$。 (a)

1.4 理想流体的特征是:(a)黏度是常数;(b)不可压缩;(c)无黏性;(d)符合 $\dfrac{p}{\rho} = RT$。

解 不考虑黏性的流体称为理想流体。 (c)

1.5 当水的压强增加一个大气压时,水的密度增大约为:(a)1/20 000;(b)1/1 000;(c)1/4 000;(d)1/2 000。

解 当水的压强增加一个大气压时,其密度增大约为 $\dfrac{\mathrm{d}\rho}{\rho} = k\mathrm{d}p = 0.5 \times 10^{-9} \times 1 \times 10^5 = \dfrac{1}{20\,000}$ (a)

1.6 从力学的角度分析,一般流体和固体的区别在于流体:(a)能承受拉力,平衡时不能承受切应力;(b)不能承受拉力,平衡时能承受切应力;(c)不能承受拉力,平衡时不能承受切应力;(d)能承受拉力,平衡时也能承受切应力。

解 流体的特性是既不能承受拉力,同时具有很大的流动性,即平衡时不能承受切应力。 (c)

1.7 下列流体哪个属牛顿流体:(a)汽油;(b)纸浆;(c)血液;(d)沥青。

   解 满足牛顿内摩擦定律的流体称为牛顿流体。 (a)

1.8 15℃时空气和水的运动黏度 $\nu_{空气} = 15.2 \times 10^{-6}$ m²/s, $\nu_{水} = 1.146 \times 10^{-6}$ m²/s,这说明:(a)空气比水的黏性大;(b)空气比水的黏性小;(c)空气与水的黏性接近;(d)不能直接比较。

   解 运动黏度 ν 只是具有运动学的量纲,不表示流体黏性的大小。以 ν 判断不同流体的黏度大小是无意义的。 (d)

1.9 液体的黏性主要来自于液体:(a)分子热运动;(b)分子间内聚力;(c)易变形性;(d)抗拒变形的能力。

   解 液体的黏性主要由分子内聚力决定。 (b)

计算题

1.10 黏度 $\mu = 3.92 \times 10^{-2}$ Pa·s 的黏性流体沿壁面流动,距壁面 y 处的流速为 $v = 3y + y^2$ (m/s),试求壁面的切应力。

   解 由牛顿内摩擦定律,壁面的切应力

$$\tau_0 = \mu \frac{dv}{dy}\bigg|_{y=0} = \mu(3 + 2y)\bigg|_{y=0} = 3.92 \times 10^{-2} \times 3 = 11.76 \times 10^{-2} \text{ Pa}$$

1.11 在相距 1 mm 的两平行平板之间充有某种黏性液体,当其中一板以 1.2 m/s 的速度相对于另一板作等速移动时,作用于板上的切应力为 3 500 Pa。试求该液体的黏度。

   解 由 $\tau = \mu \dfrac{dv}{dy}$ 得

$$\mu = \tau \frac{dy}{dv} = 3\,500 \times \frac{1 \times 10^{-3}}{1.2} = 2.917 \text{ Pa·s}$$

1.12 一圆锥体绕竖直中心轴作等速转动,锥体与固体的外锥体之间的缝隙 $\delta = 1$ mm,其间充满 $\mu = 0.1$ Pa·s 的润滑油。已知锥体顶面半径 $R = 0.3$ m,锥体高度 $H = 0.5$ m,当锥体转速 $n = 150$ r/min 时,求所需的旋转力矩。

   解 如习题 1.12 图所示,在离圆锥顶 h 处,取一微圆锥体(半径为 r),其高为 dh。

      这里 $r = \dfrac{R}{H}h$

该处速度

$$v(h) = r\omega = \frac{R}{H}h\omega$$

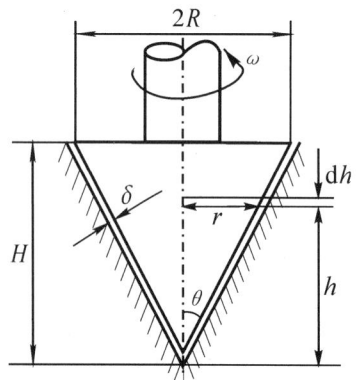

习题 1.12 图

剪切应力

$$\tau(r) = \mu \frac{v}{\delta} = \mu \frac{Rh\omega}{H\delta}$$

一段高为 dh 的圆锥体旋转力矩

$$dM(h) = \tau(r)2\pi r \frac{dh}{\cos\theta} r$$

$$= \mu \frac{Rh\omega}{H\delta} 2\pi r^2 \frac{dh}{\cos\theta}$$

将 $r = h\tan\theta$ 代入上式,得

$$dM(h) = \frac{\mu R\omega}{H\delta} 2\pi \frac{h^3 \tan^2\theta}{\cos\theta} dh$$

总旋转力矩 $M = \int_0^H dM(h) = \frac{2\pi\mu R\omega \tan^2\theta}{H\delta\cos\theta} \int_0^H h^3 dh$

$$= \frac{2\pi\mu\omega \tan^3\theta}{\delta\cos\theta} \frac{H^4}{4}$$

其中 $\mu = 0.1\,\text{Pa}\cdot\text{s},\ \omega = \frac{150\times 2\pi}{60} = 15.7\,\text{rad/s}$

$\tan\theta = \frac{R}{H} = \frac{0.3}{0.5} = 0.6,\ \cos\theta = 0.857,\ H = 0.5\,\text{m},\ \delta = 1\times10^{-3}\,\text{m}$

将其代入上式,得旋转力矩

$$M = \frac{2\pi\times 0.1\times 15.7\times 0.6^3}{1\times 10^{-3}\times 0.857} \times \frac{0.5^4}{4} = 38.83\,\text{N}\cdot\text{m}$$

1.13 上下两平行圆盘,直径均为 d,间隙为 δ,其间隙间充满黏度为 μ 的液体。若下盘固定不动,上盘以角速度 ω 旋转时,试写出所需力矩 M 的表达式。

解 在圆盘半径为 r 处取 dr 的圆环,如习题 1.13 图所示。

其上面的切应力

$$\tau(r) = \mu \frac{\omega r}{\delta}$$

则所需的力矩

$$dM = \tau(r)2\pi r dr \cdot r = \frac{2\pi\mu\omega}{\delta} r^3 dr$$

故总力矩

$$M = \int_0^{d/2} dM = \frac{2\pi\mu\omega}{\delta} \int_0^{d/2} r^3 dr = \frac{\pi\mu\omega d^4}{32\delta}$$

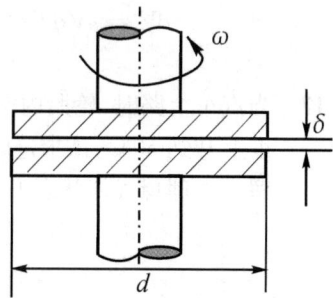

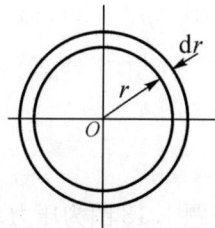

习题 1.13 图

1.14 当压强增量 $\Delta p = 5 \times 10^4$ Pa 时,某种液体的密度增长 0.02%。求此液体的体积弹性模量。

解 液体的弹性模量

$$E = \rho \frac{\mathrm{d}p}{\mathrm{d}\rho} = \frac{\mathrm{d}p}{\mathrm{d}\rho/\rho} = \frac{5 \times 10^4}{0.000\,2} = 2.5 \times 10^8 \text{ Pa}$$

1.15 一圆筒形盛水容器以等角速度 ω 绕其中心轴旋转。试写出图中 $A(x, y, z)$ 处质量力的表达式。(见习题 1.15 图)

解 位于 $A(x, y, z)$ 处的流体质点,其质量力分别是:

惯性力 $f_x = \omega^2 r \cos\theta = \omega^2 x$

$f_y = \omega^2 r \sin\theta = \omega^2 y$

重力 $f_z = -g$(z 轴向上)

故质量力的表达式为

$$\boldsymbol{F} = \omega^2 x \boldsymbol{i} + \omega^2 y \boldsymbol{j} - g\boldsymbol{k}$$

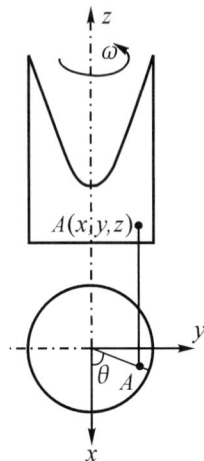

习题 1.15 图

1.16 习题 1.16 图为一水暖系统,为了防止水温升高时,体积膨胀将水管胀裂,故在系统顶部设一膨胀水箱。若系统内水的总体积为 8 m^3,加温前后温差为 $50℃$,在其温度范围内水的热胀系数 $\alpha = 0.000\,5/℃$。求膨胀水箱的最小容积。

解 由液体的热胀系数公式 $\alpha = \frac{1}{V}\frac{\mathrm{d}V}{\mathrm{d}T}$

据题意, $\alpha = 0.000\,5/℃$, $V = 8 \text{ m}^3$, $\mathrm{d}T = 50℃$

故膨胀水箱的最小容积为

$$\mathrm{d}V = \alpha V \mathrm{d}T = 0.000\,5 \times 8 \times 50 = 0.2 \text{ m}^3$$

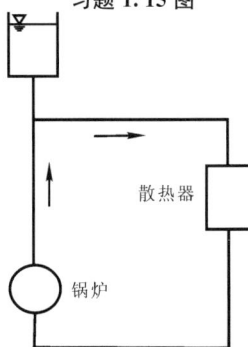

习题 1.16 图

1.17 当汽车上路时,轮胎内空气的温度为 $20℃$,绝对压强为 395 kPa,行驶后,轮胎内空气温度上升到 $50℃$,试求这时的压强。

解 由理想气体状态方程可知,由于轮胎的容积不变,因此空气的密度 ρ 不变,则

$$\frac{p_0}{T_0} = \frac{p}{T}$$

其中 $p_0 = 395$ kPa

$T_0 = 20 + 273 = 293 \text{ K}$, $T = 50 + 273 = 323 \text{ K}$

故 $$p = \frac{395 \times 323}{293} = 435.4 \text{ kPa}$$

1.18 习题 1.18 图为压力表校正器。器内充满压缩系数 $k = 4.75 \times 10^{-10}$ m²/N 的油液。器内压强为 10^5 Pa 时,油液的体积为 200 mL。现用手轮丝杆和活塞加压,活塞直径为 1 cm,丝杆螺距为 2 mm,当压强升高至 20 MPa 时,问需将手轮摇多少转?

解 由液体压缩系数定义

$$k = \frac{\dfrac{\mathrm{d}\rho}{\rho}}{\mathrm{d}p}$$

设 $\rho = \dfrac{m}{V}$, $\mathrm{d}\rho = \dfrac{m}{V - \Delta V} - \dfrac{m}{V}$

得 $\dfrac{\mathrm{d}\rho}{\rho} = \dfrac{\Delta V}{V - \Delta V}$

其中,手轮转动 n 转后,体积的变化为

$$\Delta V = \frac{\pi}{4}d^2 Hn \quad (d \text{ 为活塞直径},H \text{ 为螺距})$$

即 $k\mathrm{d}p = \dfrac{\dfrac{\pi}{4}d^2 Hn}{V - \dfrac{\pi}{4}d^2 Hn}$

其中 $k = 4.75 \times 10^{-10}\ \mathrm{m^2/N}$, $\mathrm{d}p = (20 \times 10^6 - 10^5)\,\mathrm{Pa}$

得 $k\mathrm{d}p = 4.75 \times 10^{-10} \times (20 \times 10^6 - 10^5)$

$$= \frac{\dfrac{\pi}{4} \times 0.01^2 \times 2 \times 10^{-3} \times n}{200 \times 10^{-3} \times 10^{-3} - \dfrac{\pi}{4} \times 0.01^2 \times 2 \times 10^{-3} \times n}$$

故 $n = 12$ 转

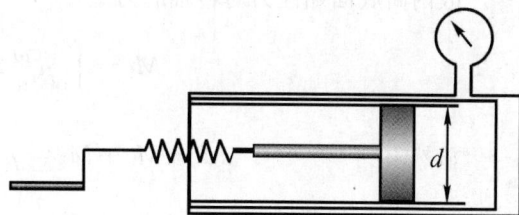

习题 1.18 图

1.19 黏度测量仪由内外两个同心圆筒组成,两筒的间隙充满油液。外筒与转轴连接,其半径为 r_2,旋转角速度为 ω,且 $\omega =$ 常量。内筒悬挂于一金属丝下,金属丝上所受的力矩 M 可以通过扭转角的值确定。外筒与内筒底面间隙为 a,内筒高 H,如习题 1.19 图所示。试推出油液黏度 μ 的计算式。

解 内筒侧面的切应力

$$\tau = \mu \omega r_2 / \delta$$

其中 $\delta = r_2 - r_1$

故侧面黏性应力对转轴的力矩

$$M_1 = \mu \frac{\omega r_2}{\delta} 2\pi r_1 H r_1 \quad (\text{由于 } a \text{ 是小量},H - a \approx H)$$

对于内筒底面,距转轴 r 处取宽度为 $\mathrm{d}r$ 的微圆环,它的切应力

$$\tau = \mu \omega r / a$$

则该微圆环上黏性力

$$\mathrm{d}F = \tau 2\pi r \mathrm{d}r = \mu \omega \frac{2\pi r^2}{a} \mathrm{d}r$$

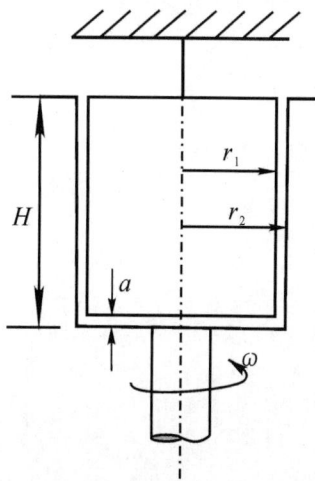

习题 1.19 图

故内筒底面黏性力对转轴的力矩

$$M_2 = \int_0^{r_1} \mu \frac{\omega}{a} 2\pi r^3 \, \mathrm{d}r = \frac{1}{2} \mu \frac{\omega}{a} \pi r_1^4$$

显然

$$M = M_1 + M_2 = \mu \frac{\omega}{a} \pi r_1^4 \left[\frac{1}{2} + \frac{2ar_2 H}{r_1^2 (r_2 - r_1)} \right]$$

即

$$\mu = \frac{M}{\dfrac{\omega}{a} \pi r_1^4 \left[\dfrac{1}{2} + \dfrac{2ar_2 H}{r_1^2 (r_2 - r_1)} \right]}$$

第 2 章 流 体 静 力 学

选择题

2.1 相对压强的起算基准是：(a)绝对真空；(b)1 个标准大气压；(c)当地大气压；(d)液面压强。

　　解　相对压强是绝对压强和当地大气压之差。　　　　　　　　　　　　　　　　(c)

2.2 金属压力表的读数值是：(a)绝对压强；(b)相对压强；(c)绝对压强加当地大气压；(d)相对压强加当地大气压。

　　解　金属压力表的读数值是相对压强。　　　　　　　　　　　　　　　　　　(b)

2.3 某点的真空压强为65 000 Pa,当地大气压为0.1 MPa,该点的绝对压强为：(a)65 000 Pa；(b)55 000 Pa；(c)35 000 Pa；(d)165 000 Pa。

　　解　真空压强是当相对压强为负值时它的绝对值。故该点的绝对压强

$$p_{ab} = 0.1 \times 10^6 - 6.5 \times 10^4 = 35\ 000\ \text{Pa}$$ 　　　　　(c)

2.4 绝对压强 p_{ab} 与相对压强 p、真空压强 p_v、当地大气压 p_a 之间的关系是：(a) $p_{ab} = p + p_v$；(b) $p = p_{ab} + p_a$；(c) $p_v = p_a - p_{ab}$；(d) $p = p_v + p_a$。

　　解　绝对压强－当地大气压=相对压强,当相对压强为负值时,其绝对值即为真空压强。即 $p_{ab} - p_a = p = -p_v$,故 $p_v = p_a - p_{ab}$。　　　　　　　　　　　　(c)

2.5 在封闭容器上装有 U 形水银测压计,其中 1、2、3 点位于同一水平面上,其压强关系为：(a) $p_1 > p_2 > p_3$；(b) $p_1 = p_2 = p_3$；(c) $p_1 < p_2 < p_3$；(d) $p_2 < p_1 < p_3$。(见习题 2.5 图)

　　解　设该封闭容器内气体压强为 p_0,则 $p_2 = p_0$,显然 $p_3 > p_2$,而 $p_2 + \gamma_{\text{气体}}h = p_1 + \gamma_{\text{Hg}}h$,显然 $p_1 < p_2$。　　　　　　　　　　　　　　　　　　　　(c)

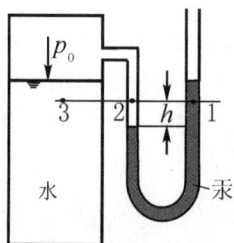

习题 2.5 图

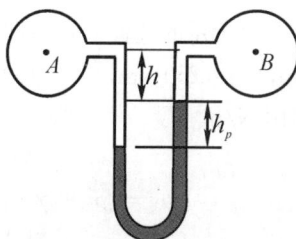

习题 2.6 图

2.6 用 U 型水银压差计测量水管内 A, B 两点的压强差,水银面高度 $h_p = 10$ cm, $p_A - p_B$ 为:(a)13.33 kPa;(b)12.35 kPa;(c)9.8 kPa;(d)6.4 kPa。(见习题 2.6 图)

解 由于 $p_A + \gamma_{H_2O}h + \gamma_{H_2O}h_p = p_B + \gamma_{H_2O}h + \gamma_{Hg}h_p$

故 $p_A - p_B = (\gamma_{Hg} - \gamma_{H_2O})h_p = (13.6 - 1) \times 9\,807 \times 0.1 = 12.35$ kPa (b)

2.7 在液体中潜体所受浮力的大小:(a)与潜体的密度成正比;(b)与液体的密度成正比;(c)与潜体的淹没深度成正比;(d)与液体表面的压强成反比。

解 根据阿基米德原理,浮力的大小等于该物体所排开液体的重量,故浮力的大小与液体的密度成正比。 (b)

2.8 静止流场中的压强分布规律:(a)仅适用于不可压缩流体;(b)仅适用于理想流体;(c)仅适用于黏性流体;(d)既适用于理想流体,也适用于黏性流体。

解 由于静止流场均可作为理想流体,因此其压强分布规律既适用于理想流体,也适用于黏性流体。 (d)

2.9 静水中斜置平面壁的形心淹深 h_C 与压力中心淹深 h_D 的关系为 h_C _____ h_D:(a)大于;(b)等于;(c)小于;(d)无规律。

解 由于平面壁上的压强随着水深的增加而增加,因此压力中心淹深 h_D 要比平面壁形心淹深 h_C 大。 (c)

2.10 流体处于平衡状态的必要条件是:(a)流体无黏性;(b)流体黏度大;(c)质量力有势;(d)流体正压。

解 流体处于平衡状态的必要条件是质量力有势。流体正压。 (c)

2.11 液体在重力场中作加速直线运动时,其自由面与 _____ 处处正交:(a)重力;(b)惯性力;(c)重力和惯性力的合力;(d)压力。

解 由于流体作加速直线运动时,质量力除了重力外还有惯性力,由于质量力与等压面是正交的,很显然答案是自由面与重力和惯性力的合力处处正交。 (c)

计算题

2.12 试决定习题 2.12 图示的装置中 A, B 两点间的压强差。已知 $h_1 = 500$ mm, $h_2 = 200$ mm, $h_3 = 150$ mm, $h_4 = 250$ mm, $h_5 = 400$ mm,酒精 $\gamma_1 = 7\,848$ N/m³,水银 $\gamma_2 = 133\,400$ N/m³,水 $\gamma_3 = 9\,810$ N/m³。

解 由于 $p_A + \gamma_3 h_1 = p_2 + \gamma_2 h_2$

而 $p_3 = p_2 + \gamma_1 h_3 = p_B + (h_5 - h_4)\gamma_3 + \gamma_2 h_4$

因此 $p_2 = p_B + (h_5 - h_4)\gamma_3 + \gamma_2 h_4 - \gamma_1 h_3$

即 $p_A - p_B = \gamma_2 h_2 + \gamma_3(h_5 - h_4) + \gamma_2 h_4 - \gamma_1 h_3 - \gamma_3 h_1$

$= \gamma_3(h_5 - h_4) + \gamma_2 h_4 - \gamma_1 h_3 - \gamma_3 h_1$

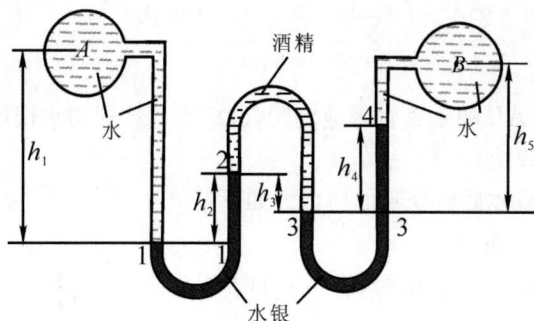

习题 **2.12** 图

$$= 133\,400 \times 0.2 + 9\,810 \times (0.4 - 0.25) +$$
$$133\,400 \times 0.25 - 7\,848 \times 0.15 - 9\,810 \times 0.5$$
$$= 55\,419.3\,\text{Pa} = 55.419\,3\,\text{kPa}$$

2.13 试对下列两种情况求 A 液体中 M 点处的压强(见习题 2.13 图):已知水银重度 $\gamma_B =$ 133 400 N/m³,水重度 $\gamma_A = 9810$ N/m³,(1)A 液体是水,B 液体是水银,$y = 60$ cm,$z = 30$ cm;(2)A 液体是比重为 0.8 的油,B 液体是比重为 1.25 的氯化钙溶液,$y = 80$ cm,$z = 20$ cm。

解 (1) 由于 $p_1 = p_2 = \gamma_B z$
$$p_1 = p_3$$
而 $\quad p_M = p_3 + \gamma_A y = \gamma_B z + \gamma_A y$
$$= 133\,400 \times 0.3 + 9\,810 \times 0.6$$
$$= 45.906\,\text{kPa}$$

(2) $p_M = \gamma_B z + \gamma_A y$
$$= 1.25 \times 9\,810 \times 0.2 + 0.8 \times 9\,810 \times 0.8$$
$$= 8.731\,\text{kPa}$$

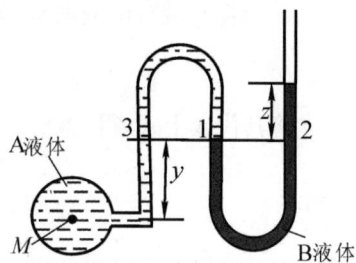

习题 **2.13** 图

2.14 如习题 2.14 图所示,在斜管微压计中,加压后无水酒精(比重为 0.793)的液面较未加压时的液面变化为 $y = 12$ cm。试求所加的压强 p 为多大?设容器及斜管的断面面积分别为 A 和 a,$\dfrac{a}{A} = \dfrac{1}{100}$,$\sin \alpha = \dfrac{1}{8}$。

解 加压后容器的液面下降为

$$\Delta h = \frac{ya}{A}$$

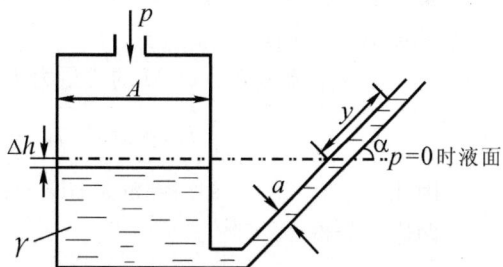

习题 **2.14** 图

则 $\quad p = \gamma(y\sin \alpha + \Delta h) = \gamma\left(y\sin \alpha + \dfrac{ya}{A}\right)$

$$= 0.793 \times 9\,810 \times \left(\frac{0.12}{8} + \frac{0.12}{100}\right) = 126\ \text{Pa}$$

2.15 设 U 形管绕通过 AB 的垂直轴等速旋转,试求当 AB 管的水银恰好下降到 A 点时的转速。(见习题 2.15 图)

解 U 形管左边流体质点受到的质量力如下:

惯性力为 $r\omega^2$,重力为 $-g$。

在 (r, z) 坐标系中,等压面 $\text{d}p = 0$ 的方程为

$$r\omega^2\,\text{d}r = g\,\text{d}z$$

两边积分得

$$z = \frac{\omega^2 r^2}{2g} + C$$

根据题意,$r = 0$ 时,$z = 0$,故 $C = 0$。

等压面方程为

$$z = \frac{\omega^2 r^2}{2g}$$

U 形管左端自由液面坐标为

$$r = 80\ \text{cm},\ z = 60 + 60 = 120\ \text{cm}$$

将其代入上式,得

$$\omega^2 = \frac{2gz}{r^2} = \frac{2 \times 9.81 \times 1.2}{0.8^2} = 36.79\ \text{s}^{-2}$$

故 $\quad \omega = \sqrt{36.79} = 6.065\ \text{rad/s}$

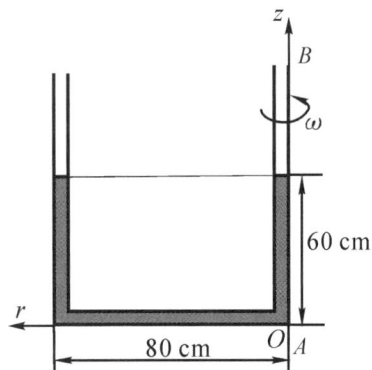

习题 2.15 图

2.16 在半径为 a 的空心球形容器内充满密度为 ρ 的液体。当这个容器以匀角速 ω 绕垂直轴旋转时,试求球壁上最大压强点的位置。

解 建立坐标系如习题 2.16 图所示,由于球体的轴对称,故仅考虑 xOz 平面。

球壁上流体任一点 M 的质量力为

$$f_x = \omega^2 x,\quad f_z = -g$$

因此 $\qquad \text{d}p = \rho(\omega^2 x\,\text{d}x - g\,\text{d}z)$

两边积分得

$$p = \rho\left(\frac{\omega^2 x^2}{2} - gz\right) + C$$

在球形容器壁上 $\quad x = a\sin\theta,\ z = a\cos\theta$

将其代入上式,得壁上任一点的压强

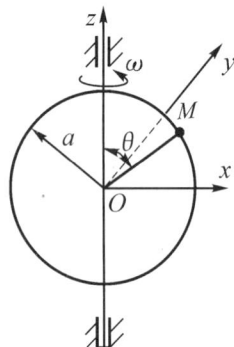

习题 2.16 图

$$p = \rho\left(\frac{\omega^2 a^2 \sin^2\theta}{2} - ag\cos\theta\right) + C$$

使压强有极值,则

$$\frac{\mathrm{d}p}{\mathrm{d}\theta} = \rho(\omega^2 a^2 \sin\theta\cos\theta + ag\sin\theta) = 0$$

即

$$\cos\theta = -\frac{g}{a\omega^2}$$

由于 $\frac{g}{a\omega^2} > 0$,故 $\theta > 90°$,即最大压强点在球中心的下方。

讨论:当 $\frac{g}{a\omega^2} < 1$ 或者 $\frac{g}{\omega^2} < a$ 时,最大压强点在球中心以下 $\frac{g}{\omega^2}$ 的位置上;

当 $\frac{g}{a\omega^2} > 1$ 或者 $\frac{g}{\omega^2} > a$ 时,最大压强点在 $\theta = 180°$,即球形容器的最低点。

2.17 如习题 2.17 图所示,底面积为 $b \times b = 0.2\,\mathrm{m} \times 0.2\,\mathrm{m}$ 的方口容器,自重 $G = 40\,\mathrm{N}$,静止时装水高度 $h = 0.15\,\mathrm{m}$。设容器在荷重 $W = 200\,\mathrm{N}$ 的作用下沿平面滑动,容器底与平面之间的摩擦因数 $f = 0.3$,试求保证水不能溢出的容器最小高度。

解 先求容器的加速度。

设绳子的张力为 F_T,则

$$W - F_T = \frac{W}{g}a \qquad (a)$$

$$F_T - (G + \gamma b^2 h)f = \frac{G + \gamma b^2 h}{g}a \qquad (b)$$

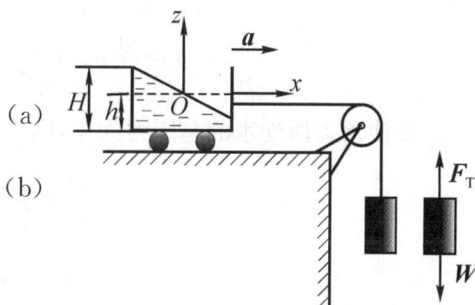

习题 2.17 图

故解得

$$a = \frac{W - f(G + \gamma b^2 h)}{\gamma b^2 h + G + W}g$$

代入数据,得 $\qquad a = 5.5898\,\mathrm{m/s^2}$

在容器中建立坐标如习题 2.17 图所示。(原点在水面的中心点)

质量力为 $\qquad f_x = -a$

$$f_z = -g$$

由 $\qquad \mathrm{d}p = \rho(-a\mathrm{d}x - g\mathrm{d}z)$

两边积分,得 $\qquad p = -\rho a x - \rho g z + C$

当 $x = 0$,$z = 0$ 处,$p = 0$,故 $C = 0$。

自由液面方程为

$$z = -\frac{a}{g}x \qquad (c)$$

且当 $x = -\frac{b}{2}$,$z = H - h$ 满足方程时,将其代入(c)式,得

$$H = h + \frac{ab}{2g} = 0.15 + \frac{5.5898 \times 0.2}{2 \times 9.81} = 0.207 \text{ m}$$

2.18 如习题 2.18 图所示，一个有盖的圆柱形容器，底半径 $R = 2$ m，容器内充满水，在顶盖上距中心为 r_0 处开一个小孔通大气。容器绕其主轴作等角速度旋转。试问：当 r_0 为多少时，顶盖所受的水的总压力为零？

解 如习题 2.18 图所示的坐标系。当容器在作等角速度旋转时，容器内流体的压强分布为

$$p = \gamma \left(\frac{\omega^2 r^2}{2g} - z \right) + C$$

当 $r = r_0$，$z = 0$ 时，按题意 $p = 0$，

故 $$C = -\gamma \frac{\omega^2 r_0^2}{2g}$$

p 分布为

$$p = \gamma \left[\frac{\omega^2}{2g} (r^2 - r_0^2) - z \right]$$

在顶盖的下表面，由于 $z = 0$，压强

$$p = \frac{1}{2} \rho \omega^2 (r^2 - r_0^2)$$

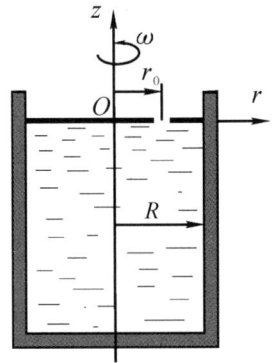

习题 2.18 图

要使顶盖所受水的总压力为零，则

$$\int_0^R p 2\pi r \mathrm{d}r$$

$$= \frac{1}{2} \rho \omega^2 2\pi \int_0^R (r^2 - r_0^2) r \mathrm{d}r = 0$$

即 $$\int_0^R r^3 \mathrm{d}r - r_0^2 \int_0^R r \mathrm{d}r = 0$$

积分上式，得

$$\frac{R^4}{4} - r_0^2 \frac{R^2}{2} = 0$$

故解得 $$r_0 = \frac{R}{\sqrt{2}} = \frac{2}{\sqrt{2}} = \sqrt{2} \text{ m}$$

2.19 如习题 2.19 图所示，矩形闸门 AB 宽 $b = 1$ m，左侧油深 $h_1 = 1$ m，水深 $h_2 = 2$ m，油的比重为 0.795，闸门倾角 $\alpha = 60°$，试求闸门上的液体总压力及作用点的位置。

解 设油、水在闸门 AB 上的分界点为 E，则油和水在闸门上静压力分布如习题 2.19 图所示。现将压力图 F 分解成三部分 F_1，F_2，F_3，而 $F = F_1 + F_2 + F_3$，其中

$$AE = \frac{h_1}{\sin \alpha} = \frac{1}{\sin 60°} = 1.155 \text{ m}$$

$$EB = \frac{h_2}{\sin \alpha} = \frac{2}{\sin 60°} = 2.31 \text{ m}$$

$$p_E = \gamma_{油} h_1 = 0.795 \times 9\,810 \times 1 = 7\,799 \text{ Pa}$$

$$p_B = p_E + \gamma_{水} h_2 = 7\,799 \times 9\,810 \times 2 = 27\,419 \text{ Pa}$$

$$F_1 = \frac{1}{2} p_E AE \cdot b = \frac{1}{2} \times 7\,799 \times 1.155 \times 1 = 4\,504 \text{ N}$$

$$F_2 = p_E EB \cdot b = 7\,799 \times 2.31 \times 1 = 18\,016 \text{ N}$$

$$F_3 = \frac{1}{2}(p_B - p_E)EB \cdot b$$

$$= \frac{1}{2} \times (27\,419 - 7\,799) \times 2.31 \times 1 = 22\,661 \text{ N}$$

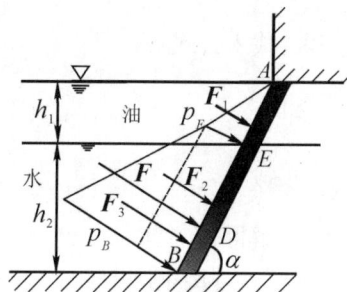

习题 2.19 图

故总压力

$$F = F_1 + F_2 + F_3 = 4\,504 + 18\,016 + 22\,661 = 45.18 \text{ kN}$$

设总压力 F 作用在闸门 AB 上的作用点为 D，实质是求水压力图的形状中心离开 A 点的距离。

由合力矩定理

$$F \cdot AD = F_1 \frac{2}{3} AE + F_2 \left(\frac{1}{2} EB + AE \right) + F_3 \left(\frac{2}{3} EB + AE \right)$$

故 $AD = \dfrac{4\,504 \times \frac{2}{3} \times 1.155 + 18\,016 \times \left(\frac{1}{2} \times 2.31 + 1.155 \right) + 22\,661 \times \left(\frac{2}{3} \times 2.31 + 1.155 \right)}{45\,180}$

$$= 2.35 \text{ m}$$

或　$h_D = AD \sin \alpha = 2.35 \times \sin 60° = 2.035 \text{ m}$

2.20 如习题 2.20 图所示，一平板闸门，高 $H = 1$ m，宽 $b = 1$ m，支撑点 O 距地面的高度 $a = 0.4$ m，问当左侧水深 h 增至多大时，闸门才会绕 O 点自动打开？

解　当水深 h 增加时，作用在平板闸门上静水压力作用点 D 也在提高。当该作用点在转轴中心 O 处上方时，才能使闸门打开。本题就是求当水深 h 为多大，水压力作用点恰好位于 O 点处。

本题采用两种方法求解：

（1）解析法：

由公式　$y_D = y_C + \dfrac{I_C}{y_C A}$

其中　$y_D = y_O = h - a$

$$I_C = \frac{1}{12} bH^3 = \frac{1}{12} \times 1 \times H^3 = \frac{1}{12} H^3$$

$$A = bH = 1H = H$$

$$y_C = h - \frac{H}{2}$$

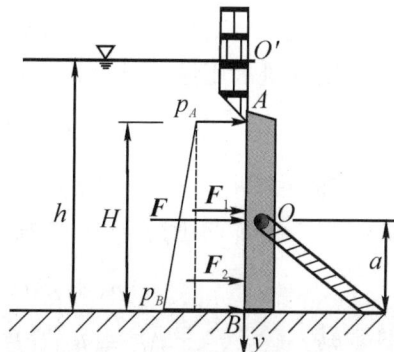

习题 2.20 图

代入公式,得

$$h - a = \left(h - \frac{H}{2}\right) + \frac{\frac{1}{12}H^3}{\left(h - \frac{H}{2}\right)H}$$

或

$$h - 0.4 = (h - 0.5) + \frac{\frac{1}{12} \times 1^3}{(h - 0.5) \times 1}$$

解得

$$h = 1.33\ \text{m}$$

(2) 图解法:

设闸门上缘 A 点的压强为 p_A,下缘 B 点的压强为 p_B,则

$$p_A = (h - H)\gamma$$

$$p_B = h\gamma$$

静水总压力 $F = F_1 + F_2$(作用在单位宽度闸门上)

其中

$$F_1 = p_A AB = (h - H)\gamma H$$

$$F_2 = \frac{1}{2}(p_B - p_A)AB = \frac{1}{2}(\gamma h - \gamma h + \gamma H)H = \frac{1}{2}\gamma H^2$$

F 的作用点在 O 处时,对 B 点取矩:

$$F \cdot OB = F_1 \frac{AB}{2} + F_2 \frac{AB}{3}$$

故 $\left[(h - H)H\gamma + \frac{1}{2}\gamma H^2\right]a = (h - H)H\gamma \frac{H}{2} + \frac{1}{2}\gamma H^2 \frac{H}{3}$

或 $\left(h - 1 + \frac{1}{2} \times 1\right) \times 0.4 = (h - 1) \times 1 \times 0.5 + \frac{1}{2} \times 1 \times \frac{1}{3}$

解得 $h = 1.33\ \text{m}$

2.21 如习题 2.21 图所示,箱内充满液体,活动侧壁 OA 可以绕 O 点自由转动。若要使活动侧壁恰好能贴紧箱体,U 形管的 h 应为多少?

解 测压点 B 处的压强

$$p_B = -\gamma h$$

则 A 处的压强

$$p_A + \gamma(H - H_D) = p_B$$

即

$$p_A = -\gamma h - \gamma(H - H_D)$$

设 E 点处 $p_E = 0$,则在 E 点的位置

$$p_A + \gamma AE = 0$$

故

$$AE = h + (H - H_D)$$

设负压总压力为 F_1,正压总压力为 F_2(单位宽度侧壁),即

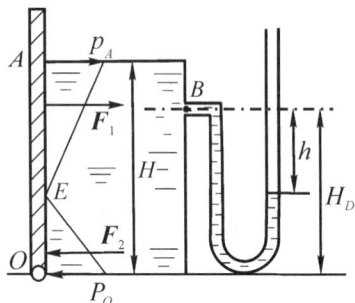

习题 **2.21** 图

$$F_1 = \frac{1}{2} p_A AE = \frac{1}{2} \gamma (h + H - H_D)(h + H - H_D)$$

$$F_2 = \frac{1}{2} p_O EO = \frac{1}{2} \gamma (H_D - h)(H_D - h)$$

以上两总压力对 O 点力矩之和应等于 0，即

$$-F_1 \left(\frac{2}{3} AE + EO \right) + F_2 \frac{1}{3} EO = 0$$

则 $\quad -\frac{1}{2} \gamma (h + H - H_D)^2 \left[\frac{2}{3}(h + H - H_D) + (H_D - h) \right] + \frac{1}{2} \gamma (H_D - h)^2 \frac{1}{3}(H_D - h)$

$\quad = 0$

展开整理后，得 $\quad h = H_D - \frac{2}{3} H$

2.22 如习题 2.22 图所示，有一矩形平板闸门，水压力经过闸门的面板传到 3 条水平梁上。为了使各横梁的负荷相等，试问应分别将它们置于距自由表面多深的地方？已知闸门高为 4 m，宽 6 m，水深 $H = 3$ m。

解 按题意，解答显然与闸门宽度 b 无关，因此在实际计算中只需按单位宽度计算即可。

作用在闸门上的静水压力呈三角形分布，将此压力图面积均匀地分成 3 块，而且此 3 块面积的形心位置恰巧就在这 3 条水平梁上，那么这就是问题的解。

△AOB 的面积

$$S = \frac{1}{2} \gamma H^2$$

△EOF 的面积

$$S_1 = \frac{1}{3} S = \frac{1}{6} \gamma H^2 = \frac{1}{2} \gamma OF^2$$

故 $\quad OF^2 = \frac{1}{3} H^2 = \frac{1}{3} \times 3^2 = 3$

$\quad OF = \sqrt{3} = 1.732 \text{ m}$

$\quad y_1 = \frac{2}{3} OF = \frac{2}{3} \times 1.732 = 1.155 \text{ m}$

△COD 的面积

$$S_2 = \frac{2}{3} S = \frac{1}{3} \gamma H^2 = \frac{1}{2} \gamma OD^2$$

故 $\quad OD^2 = \frac{2}{3} H^2 = \frac{2}{3} \times 3^2 = 6$

$\quad OD = \sqrt{6} = 2.45 \text{ m}$

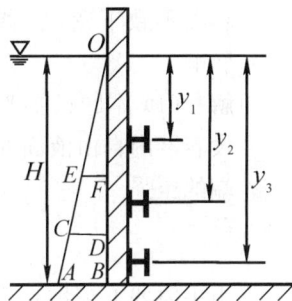

习题 2.22 图

要求梯形 $CDFE$ 的形心位置 y_2,可对 O 点取矩,即

$$y_2(S_2 - S_1) = \int_{y_F}^{y_D} \gamma y^2 \mathrm{d}y = \frac{1}{3}\gamma y^3 \Big|_{1.732}^{2.45}$$

故

$$y_2 = \frac{\dfrac{1}{3}(2.45^3 - 1.732^3)}{\dfrac{1}{6} \times 3^2} = 2.11\ \mathrm{m}$$

同理,梯形 $ABDC$ 的形心位置为

$$y_3(S - S_2) = \int_{y_D}^{y_B} \gamma y^2 \mathrm{d}y = \frac{1}{3}\gamma y^3 \Big|_{2.45}^{3}$$

故

$$y_3 = \frac{\dfrac{1}{3}(3^3 - 2.45^3)}{\dfrac{1}{6} \times 3^2} = 2.73\ \mathrm{m}$$

2.23 如习题 2.23 图所示,有一直径 $D = 0.4\ \mathrm{m}$ 的盛水容器悬于直径为 $D_1 = 0.2\ \mathrm{m}$ 的柱塞上。容器自重 $G = 490\ \mathrm{N}$,$a = 0.3\ \mathrm{m}$。如不计容器与柱塞间的摩擦,试求:(1)为保持容器不致下落,容器内真空压强应为多大?(2)柱塞浸没深度 h 对计算结果有无影响?

解 (1) 本题只要考虑盛水容器受力平衡的问题。

设容器内自由液面处的压强为 p_v(实质上为负压),则柱塞下端的压强

$$p_1 = p_v - \gamma h$$

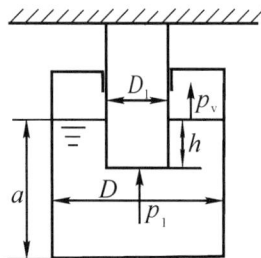

习题 2.23 图

由于容器上顶被柱塞贯穿,容器周围是大气压,故容器上顶和下底的压力差为 $p_1 \dfrac{\pi}{4}D_1^2$(方向↑,实际上为吸力),要求容器不致下落,因此以上吸力必须与容器的自重及水的重量相平衡,即

$$p_1 \frac{\pi}{4}D_1^2 = G + \gamma\left(\frac{\pi}{4}D^2 a - \frac{\pi}{4}D_1^2 h\right)$$

或

$$(p_v - \gamma h)\frac{\pi}{4}D_1^2 = G + \gamma \frac{\pi}{4}(D^2 a - D_1^2 h)$$

即

$$p_v = \frac{G + \gamma \dfrac{\pi}{4}D^2 a}{\dfrac{\pi}{4}D_1^2} = \frac{490 + 9\,810 \times \dfrac{\pi}{4} \times 0.4^2 \times 0.3}{\dfrac{\pi}{4} \times 0.2^2} = 27\,377\ \mathrm{Pa}$$

$$= 27.38\ \mathrm{kPa}(真空压强)$$

(2) 从以上计算中可知,若能保持 a 不变,则柱塞浸没深度 h 对计算结果无影响。若随着 h 的增大,导致 a 的增大,则从公式可知,容器内的真空压强 p 也将增大。

2.24 如习题 2.24 图所示,有一储水容器,容器壁上装有 3 个直径为 $d = 0.5\,\mathrm{m}$ 的半球形盖。设 $h = 2.0\,\mathrm{m}$, $H = 2.5\,\mathrm{m}$,试求作用在每个球盖上的静水压力。

解　对于 a 盖,其压力体体积

$$V_{pa} = \left(H - \frac{h}{2}\right)\frac{\pi}{4}d^2 - \frac{1}{2}\times\frac{1}{6}\pi d^3$$

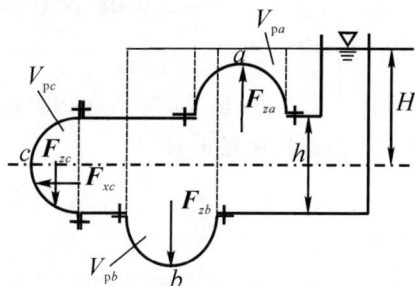

习题 2.24 图

$$= (2.5 - 1.0)\times\frac{\pi}{4}\times 0.5^2 - \frac{1}{12}\pi\times 0.5^3$$

$$= 0.262\,\mathrm{m}^3$$

$$F_{za} = \gamma V_{pa} = 9\,810\times 0.262$$

$$= 2.57\,\mathrm{kN}(方向\;\uparrow)$$

对于 b 盖,其压力体体积

$$V_{pb} = \left(H + \frac{h}{2}\right)\frac{\pi}{4}d^2 + \frac{1}{12}\pi d^3$$

$$= (2.5 + 1.0)\times\frac{\pi}{4}\times 0.5^2 + \frac{1}{12}\pi\times 0.5^3 = 0.720\,\mathrm{m}^3$$

$$F_{zb} = \gamma V_{pb} = 9\,810\times 0.720 = 7.063\,\mathrm{kN}(方向\;\downarrow)$$

对于 c 盖,静水压力可分解成水平及铅垂两个方向分力,其中水平方向分力

$$F_{xc} = \gamma H\frac{\pi}{4}d^2 = 9\,810\times 2.5\times\frac{\pi}{4}\times 0.5^2 = 4.813\,\mathrm{kN}(方向\;\leftarrow)$$

铅垂方向分力

$$F_{zc} = \gamma V_{pc} = 9\,810\times\frac{\pi}{12}\times 0.5^3 = 0.321\,\mathrm{kN}(方向\;\downarrow)$$

得

$$F_c = 4.824\,\mathrm{kN}$$

2.25 在如习题 2.25 图所示的铸框中,有铸造半径 $R = 50\,\mathrm{cm}$,长 $L = 120\,\mathrm{cm}$ 及厚 $b = 2\,\mathrm{cm}$ 的半圆柱形铸件。设铸模浇口中的铁水($\gamma_{Fe} = 70\,630\,\mathrm{N/m^3}$)面高 $H = 90\,\mathrm{cm}$,浇口尺寸为 $d_1 = 10\,\mathrm{cm}$, $d_2 = 3\,\mathrm{cm}$, $h = 8\,\mathrm{cm}$,铸框连同砂土的重量 $G_0 = 4.0\,\mathrm{t}$,试问:为克服铁水液压力的作用,铸框上还需要加多大的重量 G?

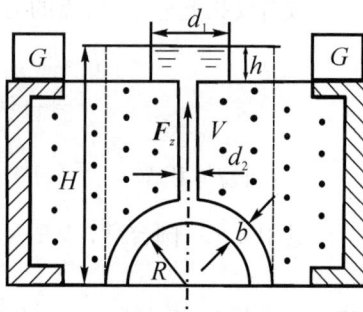

习题 2.25 图

解　在铸框上所需加压铁的重量和铸框连同砂土的重量之和应等于铁水对铸模铅垂方向的压力。

铁水对铸模的作用力(铅垂方向)

$$F_z = \gamma V$$

其中　$V = 2(R + b)LH - \frac{\pi}{2}(R + b)^2 L - \frac{\pi}{4}d_2^2(H - h - R - b) - \frac{\pi}{4}d_1^2 h$

$$= \left[2 \times (0.5 + 0.02) \times 0.9 - \frac{\pi}{2} \times 0.52^2\right] \times 1.2 -$$

$$\frac{\pi}{4} \times 0.03^2 \times (0.9 - 0.08 - 0.52) - \frac{\pi}{4} \times 0.1^2 \times 0.08$$

$$= 0.613 \text{ m}^3$$

$$F_z = \gamma V = 70\,630 \times 0.613 = 43.29 \text{ kN(方向 ↑)}$$

需要加压铁重量

$$G = F_z - G_0 = 43.29 - 4 \times 9.81 = 4.05 \text{ kN}$$

2.26 如习题 2.26 图所示，有一容器底部圆孔用一锥形塞子塞住，$H = 4r$，$h = 3r$，若将重度为 γ_1 的锥形塞提起，需要多大力？（容器内液体的重度为 γ）。

解 塞子上顶所受静水压力

$$F_1 = \left(H - \frac{h}{2}\right)\gamma\pi r^2 = (4r - 1.5r)\gamma\pi r^2$$

$$= 2.5\pi\gamma r^3 (方向 ↓)$$

塞子侧面所受铅垂方向压力

$$F_2 = \gamma V_p$$

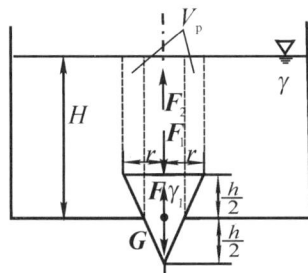

习题 2.26 图

其中 $V_p = \left(\pi r^2 - \frac{1}{4}\pi r^2\right)\left(H - \frac{h}{2}\right) +$

$$\frac{\pi}{3}\frac{h}{2}\left(r^2 + \frac{r^2}{4} + \frac{1}{2}rr\right) - \frac{1}{4}\pi r^2 \frac{h}{2}$$

$$= 2.375\pi r^3$$

$$F_2 = 2.375\pi\gamma r^3 (方向 ↑)$$

塞子自重

$$G = \frac{\pi}{3}r^2 h\gamma_1 = \pi r^3 \gamma_1 (方向 ↓)$$

故若要提起塞子，所需的力

$$F = F_1 + G - F_2 = 2.5\pi\gamma r^3 + \pi r^3 \gamma_1 - 2.375\pi\gamma r^3$$

$$= \pi r^3 (0.125\gamma + \gamma_1)$$

注：圆台体积 $V = \frac{\pi}{3}h(R^2 + r^2 + Rr)$

其中 h——圆台高，r，R——上下底半径。

2.27 如习题 2.27 图所示，一个漏斗倒扣在桌面上，已知 $h = 120$ mm，$d = 140$ mm，自重 $G = 20$ N。试求：充水高度 H 为多少时，水压力将把漏斗举起而使水从漏斗口与桌面的间隙泄出？

解 当漏斗受到的水压力和重力相等时，此时为临界状态。

水压力

$$F = \gamma \frac{\pi d^2}{4}\left(H - \frac{1}{3}h\right)(\text{向上})$$

故

$$G = F = \gamma \frac{\pi d^2}{4}\left(H - \frac{1}{3}h\right)$$

代入数据,得

$$20 = 9\,810 \times \frac{3.14 \times 0.14^2}{4}\left(H - \frac{1}{3} \times 0.12\right)$$

解得

$$H = 0.172\,5\,\text{m}$$

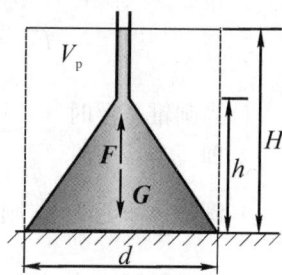

习题 2.27 图

2.28 一长为 20 m、宽 10 m、深 5 m 的平底船,当它浮在淡水上时的吃水为 3 m,又其重心在对称轴上距船底 0.2 m 的高度处。试求该船的初稳心高及横倾 8°时的复原力矩。(见习题 2.28 图)

解 设船之长、宽、吃水分别为 L, B, T,则水线面惯性矩

$$I = \frac{1}{12}LB^3 \quad (\text{取小值})$$

排水体积

$$V = LBT$$

$$GC = \frac{1}{2}T - 0.2 = \frac{3}{2} - 0.2 = 1.3\,\text{m}$$

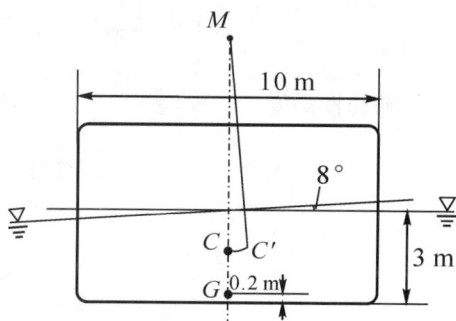

习题 2.28 图

由公式初稳心高

$$GM = MC + GC = \frac{I}{V} + GC = \frac{\frac{1}{12}LB^3}{LBT} + GC = \frac{B^2}{12T} + 1.3$$

$$= \frac{10^2}{12 \times 3} + 1.3 = 4.078\,\text{m}(\text{浮心在重心之上})$$

故复原力矩 $M = \gamma LBT \cdot GM \sin\theta = 9\,810 \times 20 \times 10 \times 3 \times 4.078 \times \sin 8°$
$$= 3\,340.587\,\text{kN} \cdot \text{m}$$

2.29 密度为 ρ_1 的圆锥体,其轴线沿铅垂方向,顶点向下,试研究它浮在液面上时的稳定性(设圆锥体中心角为 2θ)。(见习题 2.29 图)

解 圆锥体重量

$$W = \rho_1 g \frac{\pi}{3}(h_0 \tan\theta)^2 h_0$$

$$= \frac{\pi}{3}\rho_1 gh_0^3 \tan^2\theta \quad (\downarrow)$$

流体浮力

$$F_b = \rho_2 g \frac{\pi}{3} h^3 \tan^2\theta \quad (\uparrow)$$

当圆锥正浮时 $W = F_b$

即 $\rho_1 h_0^3 = \rho_2 h^3$

圆锥体重心为 G,则 $OG = \dfrac{3}{4}h_0$

圆锥体浮心为 C,则 $OC = \dfrac{3}{4}h$

圆锥体稳心为 M

圆锥体水线面惯性矩

(a)

习题 2.29 图

$$I = \frac{1}{4}\pi r^4 = \frac{\pi}{4}h^4 \tan^4\theta$$

初稳性高度

$$GM = CM - CG = \frac{I}{V} - CG$$

$$= \frac{\dfrac{\pi}{4}h^4 \tan^4\theta}{\dfrac{\pi}{3}h^3 \tan^2\theta} - \frac{3}{4}(h_0 - h)$$

$$= \frac{3}{4}\left[h\tan^2\theta - (h_0 - h)\right]$$

圆锥体能保持稳定平衡的条件是 $GM > 0$,故须有 $h\tan^2\theta > h_0 - h$,$h(1 + \tan^2\theta) > h_0$,$h\sec^2\theta > h_0$

或 $h > h_0 \cos^2\theta$ (b)

将(a)式代入(b)式,得

$$\left(\frac{\rho_2}{\rho_1}\right)^{\frac{1}{3}}\cos^2\theta < 1$$

或 $\cos^2\theta < \left(\dfrac{\rho_1}{\rho_2}\right)^{\frac{1}{3}}$

因此   当 $\cos^2\theta < \left(\dfrac{\rho_1}{\rho_2}\right)^{\frac{1}{3}}$ 时,圆锥体是稳定平衡;

         当 $\cos^2\theta = \left(\dfrac{\rho_1}{\rho_2}\right)^{\frac{1}{3}}$ 时,圆锥体是随遇平衡;

         当 $\cos^2\theta > \left(\dfrac{\rho_1}{\rho_2}\right)^{\frac{1}{3}}$ 时,圆锥体是不稳定平衡。

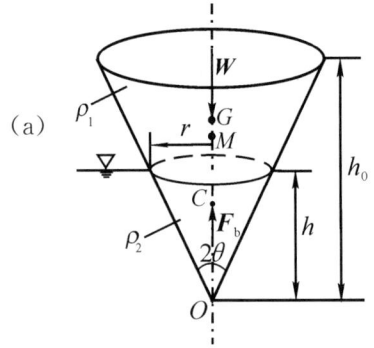

2.30 某空载船由内河出海时,吃水减少了 20 cm,接着在港口装了一些货物,吃水增加了 15 cm。设最初船的空载排水量为 1 000 t,问该船在港口装了多少货物? 设吃水线附近船的侧面为直壁,海水的密度为 $\rho = 1\,026\ \text{kg/m}^3$。

解 由于船的最初排水量为 1 000 t, 即它的排水体积为 1 000 m³, 它未装货时, 在海水中的排水体积

$$V = \frac{1\ 000}{1.026} = 974.66\ \text{m}^3$$

按题意, 在吃水线附近船的侧壁为直壁, 则吃水线附近的水线面积

$$S = \frac{1\ 000 - 974.66}{0.20} = 126.7\ \text{m}^2$$

故载货量 $\quad W = 126.7 \times 0.15 \times 1\ 026 = 19.50\ \text{t} = 191.3\ \text{kN}$

2.31 如习题 2.31 图所示, 有一个均质圆柱体, 高 H, 底半径 R, 圆柱体的材料密度为600 kg/m³。

(1) 将圆柱体直立地浮于水面, 当 R/H 大于多少时, 浮体才是稳定的?

(2) 将圆柱体横浮于水面, 当 R/H 小于多少时, 浮体是稳定的?

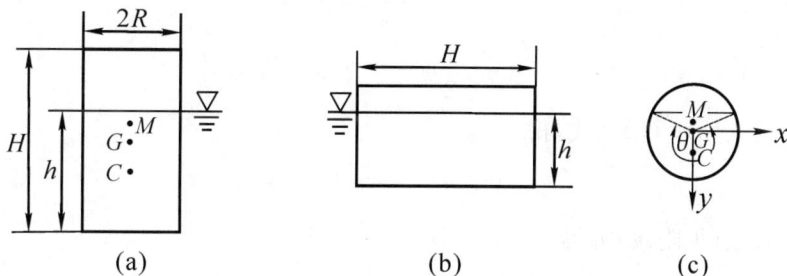

习题 2.31 图

解 (1) 当圆柱直立时, 设浸没在水中的高度为 h, 如图(a)所示, 则

$$\rho g \pi R^2 h = \rho_m g \pi R^2 H$$

即 $\qquad\qquad h = H\dfrac{\rho_m}{\rho}$

式中

$\qquad \rho$——水的密度;

$\qquad \rho_m$——圆柱体的密度。

$$CG = \frac{1}{2}(H - h) = \frac{1}{2}\left(1 - \frac{\rho_m}{\rho}\right)H$$

式中

$\qquad G$——圆柱体重心;

$\qquad C$——浮心, C 在 G 下方。

初稳心半径

$$CM = \frac{I}{V}$$

其中
$$V = \pi R^2 h$$

$$I = \frac{\pi}{64}d^4 = \frac{1}{4}\pi R^4 \quad \text{(即圆面积对某直径的惯性矩)}$$

得
$$CM = \frac{R^2}{4h}$$

当 $CM - CG > 0$，浮体是稳定的，即

$$\frac{R^2}{4h} > \frac{1}{2}\left(1 - \frac{\rho_m}{\rho}\right)H$$

整理得 $\quad \dfrac{R}{H} > \sqrt{2\dfrac{\rho_m}{\rho}\left(1 - \dfrac{\rho_m}{\rho}\right)} = \sqrt{2 \times \dfrac{600}{1\,000}\left(1 - \dfrac{600}{1\,000}\right)} = 0.692\,8$

（2）当圆柱体横浮于水面时，设被淹的圆柱截面积为 A，深度为 h，如图（b）所示。则

$$\rho g A H = \rho_m g \pi R^2 H$$

即
$$A = \pi R^2 \frac{\rho_m}{\rho} \tag{a}$$

或由图（c）$\quad A = \dfrac{1}{2}\theta R^2 - R^2 \sin\dfrac{\theta}{2}\cos\dfrac{\theta}{2} \tag{b}$

将数据代入（a），（b）两式，得

$$\theta = \sin\theta + 1.2\pi$$

应用迭代法（见附录）解得

$$\theta = 3.457\,406\,397$$

该圆截面的圆心就是圆柱体的重心 G，浮心 C 位置为

$$Ay_C = \int_{R\cos\frac{\theta}{2}}^{R} 2\sqrt{R^2 - y^2}\, y\,\mathrm{d}y = \frac{2}{3}\left(R\sin\frac{\theta}{2}\right)^3$$

式中 $\quad A = \pi R^2 \dfrac{\rho_m}{\rho} = 0.6\pi R^2,\ \theta = 3.457\,406\,397 = 198.25°$

得
$$y_C = 0.340\,56R$$

故
$$CG = y_C = 0.340\,56R$$

由于浮面有两条对称轴，面积惯性矩分别为

$$I_1 = \frac{1}{12}BH^3,\ I_2 = \frac{1}{12}B^3 H$$

式中
$$B = 2R\sin\frac{\theta}{2}$$

因而初稳心半径分别为 r_1 及 r_2，其中

$$r_1 = \frac{I_1}{V} = \frac{BH^3}{12AH} = \frac{\sin\dfrac{\theta}{2}}{3.6\pi}\frac{H^2}{R} = 0.087\,3\frac{H^2}{R}$$

$$r_2 = \frac{I_2}{V} = \frac{HB^3}{12AH} = \frac{\sin^3\dfrac{\theta}{2}}{0.9\pi}R = 0.340\,56R$$

当浮体稳定时,应满足

$$r_1 > CG, \quad 0.087\,3\frac{H^2}{R} > 0.340\,56R, \quad 得\frac{H}{R} > 1.975$$

$$r_2 > CG, \quad 0.340\,56R \geqslant 0.340\,56R \quad 不等式恒满足$$

因此使圆柱体横浮时稳定应满足:

$$\frac{H}{R} > 1.975 \quad 或\frac{R}{H} < 0.506$$

第3章 流体运动学

选择题

3.1 用欧拉法表示流体质点的加速度 a 等于：(a) $\dfrac{\mathrm{d}^2 \boldsymbol{r}}{\mathrm{d}t^2}$；(b) $\dfrac{\partial}{\partial t}$；(c)（ $\cdot \nabla$ ）；(d) $\dfrac{\partial}{\partial t} +$（ $\cdot \nabla$ ）。

解 用欧拉法表示的流体质点的加速度 $a = \dfrac{\mathrm{d}}{\mathrm{d}t} = \dfrac{\partial}{\partial t} +$（ $\cdot \nabla$ ）。 (d)

3.2 恒定流是：(a)流动随时间按一定规律变化；(b)各空间点上的运动要素不随时间变化；(c)各过流断面的速度分布相同；(d)迁移加速度为零。

解 恒定流是指用欧拉法来观察流体的运动时，在任何固定的空间点，流体质点的所有物理量皆不随时间而变化的流动。 (b)

3.3 一维流动限于：(a)流线是直线；(b)速度分布按直线变化；(c)运动参数是一个空间坐标和时间变量的函数；(d)运动参数不随时间变化的流动。

解 一维流动指流动参数可简化成一个空间坐标的函数。 (c)

3.4 均匀流是：(a)当地加速度为零；(b)迁移加速度为零；(c)向心加速度为零；(d)合加速度为零。

解 按欧拉法，流体质点的加速度由当地加速度和变位加速度(也称迁移加速度)这两部分组成，若变位加速度等于零，则称为均匀流动。 (b)

3.5 无旋运动限于：(a)流线是直线的流动；(b)迹线是直线的流动；(c)微团无旋转的流动；(d)恒定流动。

解 无旋运动也称势流，这是指流体微团作无旋转的流动，或旋度等于零的流动。 (c)

3.6 变直径管，直径 $d_1 = 320\ \text{mm}$，$d_2 = 160\ \text{mm}$，流速 $V_1 = 1.5\ \text{m/s}$。V_2 为：(a) $3\ \text{m/s}$；(b) $4\ \text{m/s}$；(c) $6\ \text{m/s}$；(d) $9\ \text{m/s}$。

解 按连续性方程，$V_1 \dfrac{\pi}{4} d_1^2 = V_2 \dfrac{\pi}{4} d_2^2$，故

$$V_2 = V_1 \left(\frac{d_1}{d_2} \right)^2 = 1.5 \times \left(\frac{320}{160} \right)^2 = 6\ \text{m/s} 。$$ (c)

3.7 平面流动具有流函数的条件是：(a)理想流体；(b)无旋流动；(c)具有速度势；(d)满足连

续性。

解　平面流动只要满足连续方程,则流函数是存在的。　　　　　　　　　(d)

3.8　恒定流动中,流体质点的加速度:(a)等于零;(b)等于常量;(c)随时间变化而变化;(d)与时间无关。

解　所谓恒定流动(定常流动)是用欧拉法来描述的,这是指在任意一空间点观察流体质点的物理量均不随时间而变化,但要注意的是,这并不表示流体质点无加速度。　　(d)

3.9　在_____流动中,流线和迹线重合:(a)无旋;(b)有旋;(c)恒定;(d)非恒定。

解　对于恒定流动,流线和迹线在形式上是重合的。　　　　　　　　　(c)

3.10　流体微团的运动与刚体运动相比,多了一项_____运动:(a)平移;(b)旋转;(c)变形;(d)加速。

解　流体微团的运动由以下三种运动叠加而成:平移、旋转和变形。而刚体是不变形的物体。　　　　　　　　　　　　　　　　　　　　　　　　　　(c)

3.11　一维流动的连续性方程 $VA = C$ 成立的必要条件是:(a)理想流体;(b)黏性流体;(c)可压缩流体;(d)不可压缩流体。

解　一维流动的连续方程 $VA = C$ 成立的条件是不可压缩流体。倘若是可压缩流体,则连续方程为 $\rho VA = C$。　　　　　　　　　　　　　　　　(d)

3.12　流线与流线,在通常情况下:(a)能相交,也能相切;(b)仅能相交,但不能相切;(c)仅能相切,但不能相交;(d)既不能相交,也不能相切。

解　流线和流线在通常情况下是不能相交的,除非在相交点的速度为零(称为驻点),但通常情况下两条流线可以相切。　　　　　　　　　　　　　　　(c)

3.13　欧拉法_____描述流体质点的运动:(a)直接;(b)间接;(c)不能;(d)只在恒定时能。

解　欧拉法也称空间点法,它是占据某一个空间点去观察经过这一空间点上流体质点的物理量,因而是间接的。而拉格朗日法(质点法)是直接跟随质点运动观察它的物理量。　　　　　　　　　　　　　　　　　　　　　　　　　(b)

3.14　非恒定流动中,流线与迹线:(a)一定重合;(b)一定不重合;(c)特殊情况下可能重合;(d)一定正交。

解　对于恒定流动,流线和迹线在形式上一定重合,但对于非恒定流动,在某些特殊情况下也可能重合。举一个简单例子。如果流体质点作直线运动,尽管是非恒定的,但流线和迹线可能重合。　　　　　　　　　　　　　　　　(c)

3.15　一维流动中,"截面积大处速度小,截面积小处速度大"成立的必要条件是:(a)理想流体;(b)黏性流体;(c)可压缩流体;(d)不可压缩流体。

解 这道题的解释同 3.11 题是一样的。 (d)

3.16 速度势函数存在于_____流动中:(a)不可压缩流体;(b)平面连续;(c)处处无旋;(d)任意平面。

解 速度势函数(速度势)存在的条件是势流(无旋流动)。 (c)

3.17 流体作无旋运动的特征是:(a)所有流线都是直线;(b)所有迹线都是直线;(c)任意流体元的角变形为零;(d)任意一点的涡量都为零。

解 流体作无旋运动特征是任意一点的涡量都为零。 (d)

3.18 速度势函数和流函数同时存在的前提条件是:(a)二维不可压缩连续运动;(b)二维不可压缩连续且无旋运动;(c)三维不可压缩连续运动;(d)三维不可压缩连续运动。

解 流函数存在条件是不可压缩流体平面流动,而速度势存在的条件是无旋流动,即流动是平面势流。 (b)

计算题

3.19 设流体质点的轨迹方程为

$$\begin{cases} x = C_1 e^t - t - 1 \\ y = C_2 e^t + t - 1 \\ z = C_3 \end{cases}$$

其中 C_1,C_2,C_3 为常数。试求:(1) $t = 0$ 时位于 $x = a$,$y = b$,$z = c$ 处的流体质点的轨迹方程;(2)任意流体质点的速度;(3)用 Euler 法表示上面流动的速度场;(4)用 Euler 法直接求加速度场和用 Lagrange 法求得质点的加速度后,再换算成 Euler 法的加速度场,两者结果是否相同?

解 (1) 以 $t = 0$,$x = a$,$y = b$,$z = c$ 代入轨迹方程,得

$$\begin{cases} a = C_1 - 1 \\ b = C_2 - 1 \\ c = C_3 \end{cases}$$

故得

$$\begin{cases} C_1 = a + 1 \\ C_2 = b + 1 \\ C_3 = c \end{cases}$$

当 $t = 0$ 时,位于 (a, b, c) 流体质点的轨迹方程为

$$\begin{cases} x = (a+1)e^t - t - 1 \\ y = (b+1)e^t + t - 1 \\ z = c \end{cases}$$ (a)

（2）求任意质点的速度
$$\begin{cases} u = \dfrac{\partial x}{\partial t} = C_1 e^t - 1 \\[2mm] v = \dfrac{\partial y}{\partial t} = C_2 e^t + 1 \\[2mm] w = 0 \end{cases} \tag{b}$$

（3）若用 Euler 法表示该速度场，则由(a)式解出 a，b，c，即

$$\begin{cases} a = \dfrac{1}{e^t}(x+t+1) - 1 \\[2mm] b = \dfrac{1}{e^t}(y-t+1) - 1 \\[2mm] c = z \end{cases} \tag{c}$$

将(a)式对 t 求导，并将(c)式代入，得

$$\begin{cases} u = \dfrac{\partial x}{\partial t} = (a+1)e^t - 1 = x + t \\[2mm] v = \dfrac{\partial y}{\partial t} = (b+1)e^t + 1 = y - t + 2 \\[2mm] w = \dfrac{\partial z}{\partial t} = 0 \end{cases} \tag{d}$$

（4）用 Euler 法求加速度场：

$$a_x = \frac{\partial u}{\partial t} + \frac{\partial u}{\partial x}u + \frac{\partial u}{\partial y}v + \frac{\partial u}{\partial z}w$$
$$= 1 + (x+t) = x + t + 1$$
$$a_y = \frac{\partial v}{\partial t} + \frac{\partial v}{\partial x}u + \frac{\partial v}{\partial y}v + \frac{\partial v}{\partial z}w$$
$$= -1 + (y-t+2) = y - t + 1$$
$$a_z = \frac{\partial w}{\partial t} + \frac{\partial w}{\partial x}u + \frac{\partial w}{\partial y}v + \frac{\partial w}{\partial z}w = 0$$

由(a)式，用 Lagrange 法求加速度场，得

$$\begin{cases} a_x = \dfrac{\partial^2 x}{\partial t^2} = (a+1)e^t \\[2mm] a_y = \dfrac{\partial^2 y}{\partial t^2} = (b+1)e^t \\[2mm] a_z = \dfrac{\partial^2 z}{\partial t^2} = 0 \end{cases} \tag{e}$$

将(c)式代入(e)式，得

$$\begin{cases} a_x = x + t + 1 \\ a_y = y - t + 1 \\ a_z = 0 \end{cases}$$

可见两种结果完全相同。

3.20 已知流场中的速度分布为

$$\begin{cases} u = yz + t \\ v = xz - t \\ w = xy \end{cases}$$

(1) 试问此流动是否恒定？(2) 求流体质点在通过场中(1，1，1)点时的加速度。

解 (1) 由于速度场与时间 t 有关，该流动为非恒定流动。

(2) $a_x = \dfrac{\partial u}{\partial t} + \dfrac{\partial u}{\partial x}u + \dfrac{\partial u}{\partial y}v + \dfrac{\partial u}{\partial z}w$

$\qquad = 1 + z(xz - t) + y(xy)$

$\quad a_y = \dfrac{\partial v}{\partial t} + \dfrac{\partial v}{\partial x}u + \dfrac{\partial v}{\partial y}v + \dfrac{\partial v}{\partial z}w$

$\qquad = -1 + z(yz + t) + x(xy)$

$\quad a_z = \dfrac{\partial w}{\partial t} + \dfrac{\partial w}{\partial x}u + \dfrac{\partial w}{\partial y}v + \dfrac{\partial w}{\partial z}w$

$\qquad = y(yz + t) + x(xz - t)$

将 $x = 1$，$y = 1$，$z = 1$ 代入上式，得

$$\begin{cases} a_x = 3 - t \\ a_y = 1 + t \\ a_z = 2 \end{cases}$$

3.21 一流动的速度场为

$$= (x + 1)t^2\boldsymbol{i} + (y + 2)t^2\boldsymbol{j}$$

试确定在 $t = 1$ 时，通过(2，1)点的迹线方程和流线方程。

解 迹线微分方程为

$$\frac{\mathrm{d}x}{u} = \frac{\mathrm{d}y}{v} = \mathrm{d}t$$

即

$$\frac{\mathrm{d}x}{\mathrm{d}t} = u = (x + 1)t^2$$

$$\frac{\mathrm{d}y}{\mathrm{d}t} = v = (y + 2)t^2$$

将以上两式积分，得 $\quad \ln(x + 1) = \dfrac{1}{3}t^3 + C_1$

$$\ln(y + 2) = \frac{1}{3}t^3 + C_2$$

将两式相减，得 $\qquad \ln\dfrac{x + 1}{y + 2} = \ln C$

即 $\qquad x + 1 = C(y + 2)$

将 $x = 2$，$y = 1$ 代入，得 $\quad C = 1$

故过(2，1)点的轨迹方程为

$$x - y = 1$$

流线的微分方程为

$$\frac{\mathrm{d}x}{u} = \frac{\mathrm{d}y}{v}$$

即

$$\frac{\mathrm{d}x}{(x+1)t^2} = \frac{\mathrm{d}y}{(y+2)t^2}$$

消去 t，两边积分，得

$$\ln(x+1) = \ln(y+2) + \ln C$$

或

$$x + 1 = C(y+2)$$

以　$x = 2$，$y = 1$ 代入，得积分常数　$C = 1$

故在 $t = 1$ 时，通过 $(2,1)$ 点的流线方程为

$$x - y = 1$$

3.22 已知流动的速度分布为

$$\begin{cases} u = ay(y^2 - x^2) \\ v = ax(y^2 - x^2) \end{cases}$$

其中 a 为常数。(1) 试求流线方程，并绘制流线图；(2) 判断流动是否有旋，若无旋，则求速度势 φ 并绘制等势线。

解　对于二维流动的流线微分方程为

$$\frac{\mathrm{d}x}{u} = \frac{\mathrm{d}y}{v}$$

即

$$\frac{\mathrm{d}x}{ay(y^2 - x^2)} = \frac{\mathrm{d}y}{ax(y^2 - x^2)}$$

消去 $a(y^2 - x^2)$，得 $x\mathrm{d}x = y\mathrm{d}y$

将上式积分，得

$$\frac{1}{2}x^2 = \frac{1}{2}y^2 + C$$

或

$$x^2 - y^2 = C$$

若 C 取一系列不同的数值，可得到流线族——双曲线族，它们的渐近线为 $y = x$，如习题 3.22 图所示。

有关流线的指向，可由流速分布来确定：

$$\begin{cases} u = ay(y^2 - x^2) \\ v = ax(y^2 - x^2) \end{cases}$$

对于 $y > 0$，当 $|y| > |x|$ 时，$u > 0$
　　　　　当 $|y| < |x|$ 时，$u < 0$
对于 $y < 0$，当 $|y| > |x|$ 时，$u < 0$
　　　　　当 $|y| < |x|$ 时，$u > 0$

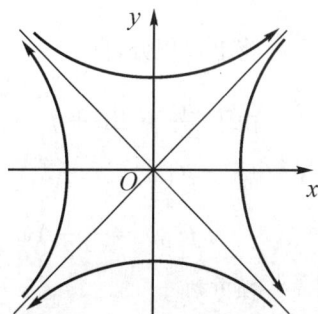

习题 3.22 图

据此可画出流线的方向。

判别流动是否有旋，只要判别 rot 是否为零即行。

$$\frac{\partial v}{\partial x} - \frac{\partial u}{\partial y} = \frac{\partial}{\partial x}[ax(y^2 - x^2)] - \frac{\partial}{\partial y}[ay(y^2 - x^2)]$$
$$= a(y^2 - x^2) - 2ax^2 - a(y^2 - x^2) - 2ay^2$$
$$= -2ax^2 - 2ay^2 \neq 0$$

所以流动是有旋的，不存在速度势。

3.23 一二维流动的速度分布为

$$\begin{cases} u = Ax + By \\ v = Cx + Dy \end{cases}$$

其中 A，B，C，D 为常数。(1) A，B，C，D 间呈何种关系时流动才无旋？
(2) 求此时流动的速度势。

解 (1) 该流动要成为实际流动，须满足 div = 0，即

$$\frac{\partial u}{\partial x} + \frac{\partial v}{\partial y} = 0$$

或 $$A + D = 0$$
得 $$A = -D$$

该流动无旋时，须满足 rot = 0，即

$$\frac{\partial v}{\partial x} - \frac{\partial u}{\partial y} = 0$$

或 $$C - B = 0$$
得 $$C = B$$

(2) 满足以上条件时，速度分布为

$$\begin{cases} u = Ax + By \\ v = Bx - Ay \end{cases}$$

$$\frac{\partial \varphi}{\partial x} = u = Ax + By$$

将上式积分，得 $$\varphi = \frac{1}{2}Ax^2 + Bxy + f(y)$$

由于 $\frac{\partial \varphi}{\partial y} = Bx + f'(y) = v = Bx - Ay$

故 $f'(y) = -Ay$

$$f(y) = -\frac{1}{2}Ay^2$$

速度势

$$\varphi = \frac{1}{2}A(x^2 - y^2) + Bxy$$

3.24 设有黏性流体经过一平板的表面。已知平板近旁的速度分布为

$$u = v_0 \sin\frac{\pi y}{2a} \quad (v_0, a \text{ 为常数}, y \text{ 为至平板的距离})$$

试求平板上的变形速率及应力。

解　流体微团单位长度沿 x 方向的直线变形速率为

$$\varepsilon_{xx} = \frac{\partial u}{\partial x}$$

现 $u = v_0 \sin\frac{\pi y}{2a}$ （为 x 轴方向）

故

$$\varepsilon_{xx} = \frac{\partial u}{\partial x}\Big|_{y=0} = 0$$

同理，沿 y 方向直线变形速率为

$$\varepsilon_{yy} = \frac{\partial v}{\partial y}\Big|_{y=0} = 0$$

沿 z 方向直线变形速率为

$$\varepsilon_{zz} = \frac{\partial w}{\partial z}\Big|_{y=0} = 0$$

在 xOy 平面上的角变形速率

$$\dot{\gamma}_{xy} = \frac{1}{2}\left(\frac{\partial v}{\partial x} + \frac{\partial u}{\partial y}\right)\Big|_{y=0} = v_0 \cos\left(\frac{\pi y}{2a}\right)\frac{\pi}{4a}\Big|_{y=0} = \frac{\pi v_0}{4a}$$

在 yOz 平面上的角变形速率

$$\dot{\gamma}_{yz} = \frac{1}{2}\left(\frac{\partial w}{\partial y} + \frac{\partial v}{\partial z}\right) = 0$$

在 zOx 平面上的角变形速率

$$\dot{\gamma}_{zx} = \frac{1}{2}\left(\frac{\partial u}{\partial z} + \frac{\partial w}{\partial x}\right) = 0$$

牛顿流体的本构关系为（即变形和应力之间关系）

$$p_{xx} = p - 2\mu\frac{\partial u}{\partial x}$$

$$p_{yy} = p - 2\mu\frac{\partial v}{\partial y}$$

$$p_{zz} = p - 2\mu\frac{\partial w}{\partial z}$$

$$\tau_{xy} = \tau_{yx} = \mu\left(\frac{\partial v}{\partial x} + \frac{\partial u}{\partial y}\right)$$

$$\tau_{xz} = \tau_{zx} = \mu\left(\frac{\partial u}{\partial z} + \frac{\partial w}{\partial x}\right)$$

$$\tau_{yz} = \tau_{zy} = \mu\left(\frac{\partial w}{\partial y} + \frac{\partial v}{\partial z}\right)$$

故在平板上，$p_{xx} = p_{yy} = p_{zz} = p$

$$\tau_{yz} = \tau_{zx} = 0$$

而

$$\tau_{xy} = \mu \frac{\partial u}{\partial y}\Big|_{y=0} = \mu v_0 \cos\left(\frac{\pi y}{2a}\right)\frac{\pi}{2a}\Big|_{y=0} = \frac{\mu \pi v_0}{2a}$$

3.25 设不可压缩流体运动的 3 个速度分量为

$$\begin{cases} u = ax \\ v = ay \\ w = -2az \end{cases}$$

其中 a 为常数。试证明这一流动的流线为 $y^2 z = $ 常量，$\dfrac{x}{y} = $ 常量两曲面的交线。

解 由流线的微分方程

$$\frac{dx}{u} = \frac{dy}{v} = \frac{dz}{w}$$

得

$$\frac{dx}{ax} = \frac{dy}{ay} = \frac{dz}{-2az}$$

即

$$\begin{cases} \dfrac{dx}{ax} = \dfrac{dy}{ay} & \text{(a)} \\[2mm] \dfrac{dy}{ay} = \dfrac{dz}{-2az} & \text{(b)} \end{cases}$$

积分(a)式，得

$$\frac{x}{y} = C_1$$

积分(b)式，得

$$y^2 z = C_2$$

即证明了流线为曲面 $y^2 z = $ 常量与曲面 $\dfrac{x}{y} = $ 常量的交线。

3.26 已知平面流动的速度场为 $= (4y - 6x)t\boldsymbol{i} + (6y - 9x)t\boldsymbol{j}$。求 $t = 1$ 时的流线方程，并画出 $1 \leqslant x \leqslant 4$ 区间穿过 x 轴的 4 条流线图形(见习题 3.26 图)。

解 流线的微分方程为

$$\frac{dx}{u} = \frac{dy}{v}$$

$t = 1$ 时的流线为

$$\frac{dx}{4y - 6x} = \frac{dy}{6y - 9x}$$

或

$$\frac{dx}{2(2y - 3x)} = \frac{dy}{3(2y - 3x)}$$

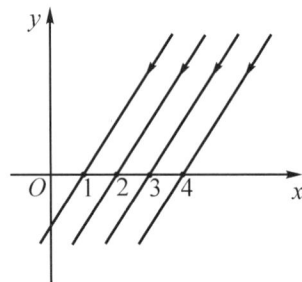

习题 **3.26** 图

即 $\qquad\qquad 3\mathrm{d}x = 2\mathrm{d}y$

将上式积分,得 $\qquad\qquad 3x - 2y = C$

此为流线方程。

设 $C = 3$, 6, 9, 12 时,可画出 $1 \leqslant x \leqslant 4$ 穿过 x 轴的 4 条流线。

3.27 已知不可压缩流体平面流动,在 y 方向的速度分量为 $v = y^2 - 2x + 2y$。试求速度在 x 方向的分量 u。

解　此平面流动必须满足 div $= 0$,对于二维流动,即

$$\frac{\partial u}{\partial x} + \frac{\partial v}{\partial y} = 0$$

以 $v = y^2 - 2x + 2y$ 代入上式,得

$$\frac{\partial u}{\partial x} + 2y + 2 = 0$$

即

$$\frac{\partial u}{\partial x} = -2y - 2$$

故

$$u = -2xy - 2x + f(y,t)$$

3.28 求两平行板间,流体的流量。已知速度分布为 $u = u_{\max}\left[1 - \left(\dfrac{y}{b}\right)^2\right]$。

式中 $y = 0$ 为中心线,$y = \pm b$ 为平板所在的位置,$u_{\max}$ 为常量。

解　如习题 3.28 图所示,由 $u = u_{\max}\left[1 - \left(\dfrac{y}{b}\right)^2\right]$ 可知,平板间的速度分布为抛物线分布。

通过 $\mathrm{d}y$ 截面的体积流量

$$\mathrm{d}Q = u\mathrm{d}y = u_{\max}\left[1 - \left(\frac{y}{b}\right)^2\right]\mathrm{d}y$$

则平板间的流量

$$Q = 2\int_o^b \mathrm{d}Q = 2u_{\max}\int_o^b\left[1 - \left(\frac{y}{b}\right)^2\right]\mathrm{d}y$$

$$= 2u_{\max}\frac{2b}{3} = \frac{4}{3}bu_{\max}$$

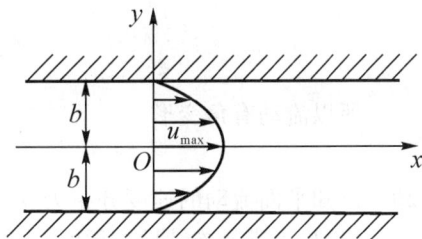

习题 3.28 图

3.29 下列两个流动,哪个有旋? 哪个无旋? 哪个有角变形? 哪个无角变形?

(1) $u = -ay$, $v = ax$, $w = 0$;

(2) $u = -\dfrac{cy}{x^2 + y^2}$, $v = \dfrac{cx}{x^2 + y^2}$, $w = 0$,

式中 a, c 是常量。

解　(1) 判别流动是否有旋,只有判别 rot 是否等于零才行。

$$\frac{\partial w}{\partial y} - \frac{\partial v}{\partial z} = 0 - 0 = 0$$

$$\frac{\partial u}{\partial z} - \frac{\partial w}{\partial x} = 0 - 0 = 0$$

$$\frac{\partial v}{\partial x} - \frac{\partial u}{\partial y} = a - (-a) = 2a$$

即
$$\text{rot} \quad = 2a\boldsymbol{k} \neq 0$$

故流动为有旋流动。

角变形
$$\dot{\gamma}_{xy} = \frac{1}{2}\left(\frac{\partial v}{\partial x} + \frac{\partial u}{\partial y}\right) = \frac{1}{2}(a - a) = 0$$

$$\dot{\gamma}_{yz} = \frac{1}{2}\left(\frac{\partial w}{\partial y} + \frac{\partial v}{\partial z}\right) = \frac{1}{2}(0 + 0) = 0$$

$$\dot{\gamma}_{xz} = \frac{1}{2}\left(\frac{\partial u}{\partial z} + \frac{\partial w}{\partial x}\right) = \frac{1}{2}(0 + 0) = 0$$

所以流动无角变形。

(2) $\dfrac{\partial w}{\partial y} - \dfrac{\partial v}{\partial z} = 0 - 0 = 0$

$$\frac{\partial u}{\partial z} - \frac{\partial w}{\partial x} = 0 - 0 = 0$$

$$\frac{\partial v}{\partial x} - \frac{\partial u}{\partial y} = \frac{c(x^2 + y^2) - 2cx^2}{(x^2 + y^2)^2} - \frac{\left[-c(x^2 + y^2) + 2cy^2\right]}{(x^2 + y^2)^2} = 0$$

故流动为无旋流动。

同理
$$\dot{\gamma}_{xy} = \frac{-c(x^2 - y^2)}{(x^2 + y^2)^2}$$

$$\dot{\gamma}_{yz} = 0$$

$$\dot{\gamma}_{xz} = 0$$

所以流动有角变形。

3.30 已知平面流动的速度分布为 $u = x^2 + 2x - 4y$，$v = -2xy - 2y$。试确定流动：
(1)是否满足连续性方程？(2)是否有旋？(3)如存在速度势和流函数，求出 φ 和 ψ。

解 (1) 由 div 是否为零，得

$$\frac{\partial u}{\partial x} + \frac{\partial v}{\partial y} = 2x + 2 - 2x - 2 = 0$$

故满足连续性方程。

(2) 由二维流动的 rot ，得

$$\frac{\partial v}{\partial x} - \frac{\partial u}{\partial y} = -2y - (-4) \neq 0$$

故流动有旋。

(3) 此流场为不可压缩流动的有旋二维流动，存在流函数 ψ，而速度势 φ 不存在，得

$$\frac{\partial \psi}{\partial y} = u = x^2 + 2x - 4y$$

将上式积分,得 $\psi = x^2 y + 2xy - 2y^2 + f(x)$

$$\frac{\partial \psi}{\partial x} = -v = 2xy + 2y$$

$$2xy + 2y + f'(x) = 2xy + 2y$$

$$f'(x) = 0, \ f(x) = C$$

故 $\psi = x^2 y + 2xy - 2y^2$（常数可以作为零）

3.31 已知速度势为:(1) $\varphi = \frac{m}{2\pi}\ln r$;(2) $\varphi = \frac{\Gamma}{2\pi}\arctan\frac{y}{x}$,求其流函数。

解 （1）在极坐标系中,有以下两式:

$$v_r = \frac{\partial \varphi}{\partial r} = \frac{\partial \psi}{r\partial \theta}$$

$$v_\theta = \frac{\partial \varphi}{r\partial \theta} = -\frac{\partial \psi}{\partial r}$$

当 $\varphi = \frac{m}{2\pi}\ln r$ 时,得

$$v_r = \frac{\partial \varphi}{\partial r} = \frac{m}{2\pi r}$$

$$v_\theta = \frac{\partial \varphi}{r\partial \theta} = 0$$

$$\frac{\partial \psi}{r\partial \theta} = v_r = \frac{m}{2\pi r}$$

即
$$\frac{\partial \psi}{\partial \theta} = \frac{m}{2\pi} = \frac{\mathrm{d}\psi}{\mathrm{d}\theta}$$

因此
$$\psi = \frac{m}{2\pi}\theta + f(r)$$

$$\frac{\partial \psi}{\partial r} = -v_\theta = 0$$

得
$$f(r) = C$$

故
$$\psi = \frac{m}{2\pi}\theta$$

（2）当 $\varphi = \frac{\Gamma}{2\pi}\arctan\frac{y}{x}$ 时,将直角坐标表达式化为极坐标形式:

$$\varphi = \frac{\Gamma}{2\pi}\theta$$

$$v_r = \frac{\partial \varphi}{\partial r} = 0$$

$$v_\theta = \frac{\partial \varphi}{r\partial \theta} = \frac{\Gamma}{2\pi r}$$

$$\frac{\partial \psi}{r \partial \theta} = v_r = 0$$

因此
$$\psi = f(r)$$

$$\frac{\partial \psi}{\partial r} = \frac{\mathrm{d}f}{\mathrm{d}r} = -v_\theta = -\frac{\Gamma}{2\pi r}$$

得
$$f(r) = -\frac{\Gamma}{2\pi} \ln r$$

故
$$\psi = -\frac{\Gamma}{2\pi} \ln r$$

3.32 设有一平面流场,流体不可压缩,x 方向的速度分量为 $u = \mathrm{e}^{-x} \cosh y + 1$,

(1) 已知边界条件为 $y = 0$,$v = 0$,求 $v(x, y)$;

(2) 求这个平面流动的流函数。

解 (1) 由不可压缩流体应满足 div $= 0$,即

$$\frac{\partial u}{\partial x} = -\frac{\partial v}{\partial y} = -\mathrm{e}^{-x} \cosh y$$

故 $v = \mathrm{e}^{-x} \displaystyle\int_0^y \cosh y \mathrm{d}y = \mathrm{e}^{-x} \sinh y$

(2)
$$\frac{\partial \psi}{\partial y} = u = -\mathrm{e}^{-x} \cosh y + 1$$

$$\psi = \mathrm{e}^{-x} \sinh y + y + f(x)$$

$$\frac{\partial \psi}{\partial x} = -v = -\mathrm{e}^{-x} \sinh y$$

即
$$-\mathrm{e}^{-x} \sinh y + f'(x) = -\mathrm{e}^{-x} \sinh y$$

得
$$f'(x) = 0, \; f(x) = C$$

故
$$\psi = \mathrm{e}^{-x} \sinh y + y$$

3.33 已知平面势流的速度势 $\varphi = y(y^2 - 3x^2)$,求流函数及通过$(0, 0)$及$(1, 2)$两点连线的体积流量。

解 由于 $\dfrac{\partial \varphi}{\partial x} = \dfrac{\partial \psi}{\partial y} = -6xy$

$$\psi = -3xy^2 + f(x)$$

由于
$$\frac{\partial \varphi}{\partial y} = -\frac{\partial \psi}{\partial x} = 3y^2 - 3x^2$$

$$3y^2 - f'(x) = 3y^2 - 3x^2$$

$$f'(x) = 3x^2, f(x) = x^3$$

故流函数为:

$$\psi = -3xy^2 + x^3$$

$$Q = \psi \Big|_{(0, 0)}^{(1, 2)} = 11 \quad (\text{取绝对值})$$

第4章 理想流体动力学

选择题

4.1 如习题 4.1 图所示的等直径水管，A-A 为过流断面，B-B 为水平面，1，2，3，4 为面上各点，各点的运动参数有以下关系：(a)$p_1 = p_2$；(b)$p_3 = p_4$；(c)$z_1 + \dfrac{p_1}{\rho g} = z_2 + \dfrac{p_2}{\rho g}$；(d)$z_3 + \dfrac{p_3}{\rho g} = z_4 + \dfrac{p_4}{\rho g}$。

解 对于恒定渐变流，过流断面上的动压强按静压强的分布规律，即 $z + \dfrac{p}{\gamma} = C$，故在同一过流断面上满足 $z_1 + \dfrac{p_1}{\rho g} = z_2 + \dfrac{p_2}{\rho g}$。 （c）

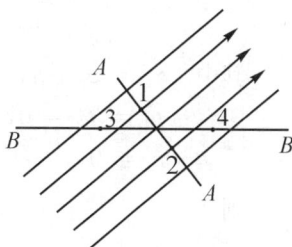

习题 4.1 图

4.2 伯努利方程中 $z + \dfrac{p}{\rho g} + \dfrac{\alpha V^2}{2g}$ 表示：(a)单位重量流体具有的机械能；(b)单位质量流体具有的机械能；(c)单位体积流体具有的机械能；(d)通过过流断面流体的总机械能。

解 伯努利方程中 $z + \dfrac{p}{\rho g} + \dfrac{\alpha V^2}{2g}$ 表示单位重量流体所具有的位置势能、压强势能和动能之和，或者是总机械能。 （a）

4.3 水平放置的渐扩管，如忽略水头损失，断面形心的压强有以下关系：(a)$p_1 > p_2$；(b)$p_1 = p_2$；(c)$p_1 < p_2$；(d) 不定。

解 对于水平放置的渐扩管，由于断面 1 和断面 2 的形心高度不变，但 $V_2 < V_1$，因此 $p_1 < p_2$。 （c）

4.4 黏性流体总水头线沿程的变化是：(a)沿程下降；(b)沿程上升；(c)保持水平；(d)前三种情况都有可能。

解 由于黏性流体沿程有能量损失，因此总水头线沿程总是下降的。 （a）

4.5 黏性流体测压管水头线沿程的变化是：(a)沿程下降；(b)沿程上升；(c)保持水平；(d)前三种情况都有可能。

解 黏性流体测压管水头线表示单位重量流体所具有的势能，因此沿程的变化是不一定的。 （d）

计算题

4.6 如习题 4.6 图所示。设一虹吸管 $a = 2\,\text{m}$，$h = 6\,\text{m}$，$d = 15\,\text{cm}$。试求：(1)管内的流量；(2)管内最高点 S 的压强；(3)若 h 不变，点 S 继续升高（即 a 增大，而上端管口始终浸入水内），问使吸虹管内的水不能连续流动的 a 值为多大？

解 （1）以水箱底面为基准，对自由液面 1-1 上的点和虹吸管下端出口处 2-2 建立 1→2 流线伯努利方程，则

$$z_1 + \frac{p_1}{\gamma} + \frac{v_1^2}{2g} = z_2 + \frac{p_2}{\gamma} + \frac{v_2^2}{2g}$$

其中　$z_1 = z_2 + h$，

$p_1 = p_2 = 0$，

$v_1 = 0$

则　　　　　　　$v_2 = \sqrt{2gh} = \sqrt{2 \times 9.81 \times 6} = 10.85\,\text{m/s}$

管内体积流量　$Q = v_2 \frac{\pi}{4}d^2 = 10.85 \times \frac{\pi}{4} \times 0.15^2 = 0.192\,\text{m}^3/\text{s}$

（2）以管口 2-2 处为基准，对自由液面 1-1 处及管内最高点 S 列 1-1→S 流线伯努利方程，则

$$z_1 + \frac{p_1}{\gamma} + \frac{v_1^2}{2g} = z_S + \frac{p_S}{\gamma} + \frac{v_S^2}{2g}$$

其中　$z_1 = h$，$z_S = h + a$，

$p_1 = 0$，$v_1 = 0$，

$v_S = v_2 = 10.85\,\text{m/s}$

即 $p_S = \gamma\left(-a - \frac{v_2^2}{2g}\right) = 9\,807 \times \left(-2 - \frac{10.85^2}{2 \times 9.81}\right) = -78.46\,\text{kPa}$

故 S 点的真空压强

$$p_v = 78.46\,\text{kPa}$$

（3）当 h 不变，S 点 a 增大时，当 S 点的压强 p_S 等于水的汽化压强时，此时 S 点发生水的汽化，管内的流动即中止。查表可知，在常温下（15℃）水的汽化压强为 1 697 Pa（绝对压强），以管口 2-2 为基准，列出 S→2-2 点的伯努利方程：

$$z_S + \frac{p_S}{\gamma} + \frac{v_S^2}{2g} = z_2 + \frac{p_2}{\gamma} + \frac{v_2^2}{2g}$$

其中　$z_S = h + a$，$z_2 = 0$

$v_S = v_2$

$p_S = 1\,697\,\text{Pa}$，$p_2 = 101\,325\,\text{Pa}$（大气绝对压强）

即　$a = \frac{p_2 - p_S}{\gamma} - h = \frac{101\,325 - 1\,697}{9\,807} - 6 = 10.16 - 6 = 4.16\,\text{m}$

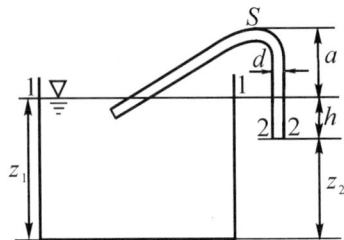

本题要注意的是,伯努利方程中两边的压强计示方式要相同,由于 p_S 为绝对压强,因此出口处也为绝对压强。

4.7 如习题 4.7 图所示,两个紧靠的水箱逐级放水,放水孔的截面积分别为 A_1 与 A_2,试问:h_1 与 h_2 成什么关系时流动处于恒定状态? 这时须在左边水箱补充多大的流量?

解 以右箱出口处 4 - 4 为基准,对右箱自由液面 3 - 3 到出口处 4 - 4 列出流线伯努利方程:

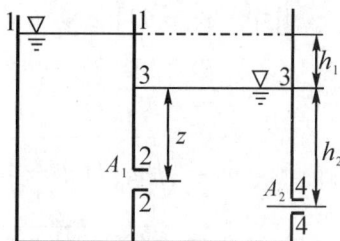

习题 **4.7** 图

$$z_3 + \frac{p_3}{\gamma} + \frac{v_3^2}{2g} = z_4 + \frac{p_4}{\gamma} + \frac{v_4^2}{2g}$$

其中

$$z_3 = h_2,\; z_4 = 0$$
$$p_3 = p_4 = 0$$
$$v_3 = 0$$

则

$$v_4 = \sqrt{2gh_2}$$

以左箱出口处 2 - 2 为基准,对左箱自由液面 1 - 1 到出口处 2 - 2 列出流线伯努利方程:

$$z_1 + \frac{p_1}{\gamma} + \frac{v_1^2}{2g} = z_2 + \frac{p_2}{\gamma} + \frac{v_2^2}{2g}$$

其中

$$z_1 = z + h_1,\; z_2 = 0$$
$$p_1 = 0,\; p_2 = p_3 + \gamma z = \gamma z$$
$$v_1 = 0$$

则

$$v_2 = \sqrt{2gh_1}$$

当流动处于恒定流动时,右箱出口处的流量和左水箱流入右水箱的流量及补充入左水箱的流量均相等,$v_2 A_1 = v_4 A_2$,即

$$\sqrt{2gh_1}\,A_1 = \sqrt{2gh_2}\,A_2$$

或

$$\frac{h_1}{h_2} = \left(\frac{A_2}{A_1}\right)^2$$

故左水箱需要补充的流量

$$Q = A_1 v_2 = A_1\,\sqrt{2gh_1}$$

本题要注意的是,左水箱的水仅流入右水箱,而不能从 1 - 1→4 - 4 直接列出一条流线。

4.8 如习题 4.8 图所示,水从密闭容器中恒定流出,经一变截面管而流入大气中,已知 $H = 7$ m, $p = 0.3$ at, $A_1 = A_3 = 50$ cm², $A_2 = 100$ cm², $A_4 = 25$ cm²。若不计流动损失,试求:(1)各截面上的流速、流经管路的体积流量;(2)各截面上的总水头。

解 (1) 以管口 $4-4$ 为基准，从密闭容器自由液面上 $0-0$ 点到变截面管出口处 $4-4$，列出 $0 \rightarrow 4$ 流线伯努利方程：

$$z_0 + \frac{p_0}{\gamma} + \frac{v_0^2}{2g} = z_4 + \frac{p_4}{\gamma} + \frac{v_4^2}{2g}$$

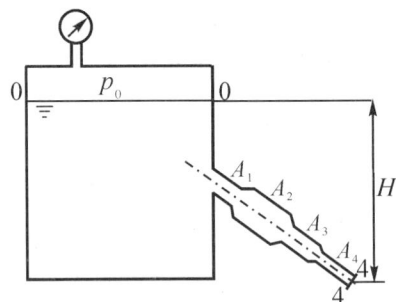

习题 **4.8** 图

其中
$$z_0 = H, \ z_4 = 0$$
$$p_0 = p, \ p_4 = 0$$
$$v_0 = 0$$

则
$$v_4 = \sqrt{2g\left(H + \frac{p}{\gamma}\right)}$$
$$= \sqrt{2 \times 9.81 \times (7+3)} = 14 \text{ m/s}$$

即
$$\frac{v_4^2}{2g} = \frac{14^2}{2 \times 9.807} = 10 \text{ m}$$

根据连续性原理，由于 $A_1 = A_3$

故
$$v_1 = v_3$$

又由于
$$A_3 v_3 = A_4 v_4$$

故
$$v_3 = \frac{A_4}{A_3} v_1 = \frac{25}{50} \times 14 = 7 \text{ m/s}$$

由于
$$A_2 v_2 = A_4 v_4$$

故
$$v_2 = \frac{A_4}{A_2} v_4 = \frac{25}{100} \times 14 = 3.5 \text{ m/s}$$

流经管路的体积流量

$$Q = A_4 v_4 = 25 \times 10^{-4} \times 14 = 0.035 \text{ m}^3/\text{s}$$

(2) 以管口为基准，该处总水头等于 10 m。由于不计黏性损失，因此各截面上总水头均等于 10 m。

4.9 如习题 4.9 图所示，在水箱侧壁同一铅垂线上开了上下两个小孔。若两股射流在 O 点相交，试证明 $h_1 z_1 = h_2 z_2$。

解 列出容器自由液面 $0-0$ 至小孔 1 及 2 流线的伯努利方程，可得到小孔处出流速度 $v = \sqrt{2gh}$。此公式称托里拆利(Torricelli)公式，它在形式上与初始速度为零的自由落体运动一样，这是不考虑流体黏性的结果。

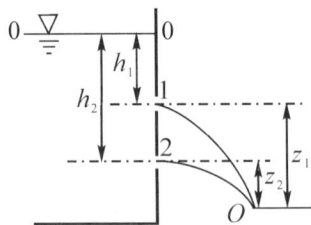

习题 **4.9** 图

由 $z = \frac{1}{2}gt^2$ 公式，分别算出流体下落 z 距离所需的时间，其中

$$t_1 = \sqrt{\frac{2z_1}{g}}, \ t_2 = \sqrt{\frac{2z_2}{g}}$$

经过 t_1 及 t_2 时间后,两孔射流在某处相交,它们的水平距离相等,即

$$v_1 t_1 = v_2 t_2,$$

其中

$$v_1 = \sqrt{2gh_1}, \ v_2 = \sqrt{2gh_2},$$

因此

$$\sqrt{2gh_1}\sqrt{\frac{2z_1}{g}} = \sqrt{2gh_2}\sqrt{\frac{2z_2}{g}}$$

即

$$h_1 z_1 = h_2 z_2$$

4.10 如习题 4.10 图所示,Venturi 管 A 处的直径 $d_1 = 20\,\text{cm}$,B 处的直径 $d_2 = 2\,\text{cm}$。当阀门 D 关闭,阀门 C 开启时测得 U 形压力计中水银柱的差 $h = 8\,\text{mm}$,求此时 Venturi 管内的流量。又若将阀门 C 关闭,阀门 D 开启,利用管中的射流将真空容器内的压强减至 $100\,\text{mm}$(水银柱)时,管内的流量应为多大?

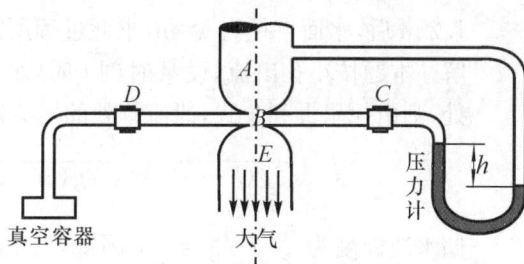

解 由于本题中流体是空气,因此忽略其重力。

从 A 至 B 两过流断面列出总流伯努利方程:

$$\frac{p_A}{\gamma_a} + \frac{V_A^2}{2g} = \frac{p_B}{\gamma_a} + \frac{V_B^2}{2g}$$

因此　　$p_A - p_B = \dfrac{\gamma_a}{2g}(V_B^2 - V_A^2)$

$$= \frac{\gamma_a V_B^2}{2g}\left[1 - \left(\frac{V_A}{V_B}\right)^2\right] \tag{a}$$

若 A,B 处的截面面积各为 A_A 及 A_B,由连续方程

$$A_A V_A = A_B V_B$$

得

$$V_B = \frac{A_A}{A_B}V_A = \frac{0.2^2}{0.02^2}V_A = 100 V_A$$

将上式代入(a)式,得

$$V_B^2 = \frac{2g(p_A - p_B)}{\gamma_a\left[1 - \left(\dfrac{V_A}{V_B}\right)^2\right]} \approx 2g\,\frac{p_A - p_B}{\gamma_a}$$

$$= \frac{2 \times 9.81 \times 13.6 \times 1\,000 \times 9.81 \times 0.008}{1.2 \times 9.81}$$

$$= 1\,779$$

$$V_B = 42.1\,\text{m/s}$$

故文丘里管中的流量

$$Q = A_B V_B = \frac{\pi}{4} \times 0.02^2 \times 42.1 = 0.013\,2\,\text{m}^3/\text{s}$$

习题 4.10 图

倘若阀门 C 关闭,阀门 D 开启时,真空容器内的压强减至 100 mm 水银柱时,则

$$V_B^2 = 2g\frac{p_A - p_B}{\gamma_a} = \frac{2 \times 9.81 \times 13.6 \times 1\,000 \times 9.81 \times 0.1}{1.2 \times 9.81} = 22\,236$$

即
$$V_B = 149.1 \text{ m/s}$$

故此时流量

$$Q = A_B V_B = \frac{\pi}{4} \times 0.02^2 \times 149.1 = 0.046\,8 \text{ m}^3/\text{s}$$

4.11 如习题 4.11 图所示,一呈上大下小的圆锥形状的储水池,底部有一泄流管,直径 $d = 0.6$ m,流量因数 $\mu = 0.8$,容器内初始水深 $h = 3$ m,水面直径 $D = 60$ m,当水位降落 1.2 m 后,水面直径为 48 m,求此过程所需的时间。

解 本题按小孔出流,设某时刻 t 时,水面已降至 z 处,则由托里拆利公式,泄流管处的出流速度

$$v = \sqrt{2g(h-z)} = \sqrt{2g(3-z)}$$

储水池锥度为 $\frac{60-48}{2 \times 1.2} = 5$,因此当水面降至 z 处时,水面的直径

$$D - 2 \times 5z = 60 - 10z$$

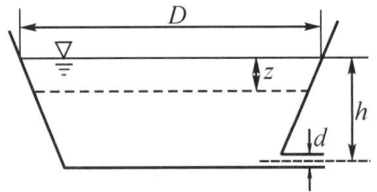

习题 **4.11** 图

由连续方程,在 $\mathrm{d}t$ 时间内流出的水量等于液面下降的水量:

$$\mu v \frac{\pi}{4} d^2 \mathrm{d}t = \frac{\pi}{4} \times (60 - 10z)^2 \mathrm{d}z$$

故
$$\mathrm{d}t = \frac{(60-10z)^2}{\mu\sqrt{2g(3-z)}d^2}\mathrm{d}z$$

$$t = \int_0^{1.2} \frac{(60-10z)^2}{\mu d^2\sqrt{2g}\sqrt{3-z}}\mathrm{d}z$$

$$= \frac{100}{0.8 \times 0.6^2 \times \sqrt{2 \times 9.81}}\int_0^{1.2} \frac{(6-z)^2}{\sqrt{3-z}}\mathrm{d}z$$

由于
$$(6-z)^2 = [3 + (3-z)]^2 = 9 + 6(3-z) + (3-z)^2$$

故
$$t = 78.39 \times \int_0^{1.2} [9(3-z)^{-\frac{1}{2}} + 6(3-z)^{\frac{1}{2}} + (3-z)^{\frac{3}{2}}]\mathrm{d}z$$

$$= 1\,780 \text{ s} = 29.67 \text{ min}$$

本题从总的过程来讲是非恒定流。若应用非恒定流的伯努利方程则会很复杂,为此,将整个过程微分,每个微分时间内作为恒定流来处理,然后应用积分的方法来求解。

4.12 如习题 4.12 图所示,水箱通过宽 $B = 0.9$ m,高 $H = 1.2$ m 的闸门往外泄流,闸门开口的顶端距水面 $h = 0.6$ m。试计算:(1)闸门开口的理论流量;(2)将开口作为小孔处理时所引起的百分误差。

解　（1）由图可知，$H_0 = h + \dfrac{H}{2} = 0.6 + \dfrac{1.2}{2} = 1.2\,\text{m}$，由

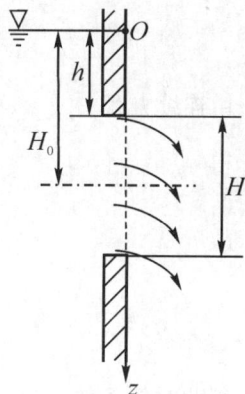

于 $H > \dfrac{H_0}{10}$，故本题应按大孔出流来处理，将大孔口沿水平方向分割成许多小孔，然后，对于每一小孔按 Torricelli 定理求解：

出流速度　$V = \sqrt{2gz}$，小孔面积　$\mathrm{d}A = B\mathrm{d}z$，（$z$ 为小孔至自由液面的距离）

理论出流量

$$\mathrm{d}Q = V\mathrm{d}A = B\sqrt{2gz}\,\mathrm{d}z$$

故总出流量

$$
\begin{aligned}
Q &= \int \mathrm{d}Q = \int_{h_1}^{h_2} B\sqrt{2gz}\,\mathrm{d}z = B\sqrt{2g}\int_{h_1}^{h_2} z^{\frac{1}{2}}\,\mathrm{d}z \\
&= \frac{2}{3}B\sqrt{2g}\,z^{\frac{3}{2}}\Big|_{h_1}^{h_2} = \frac{2}{3}\times 0.9 \times \sqrt{2\times 9.81}\times(1.8^{\frac{3}{2}} - 0.6^{\frac{3}{2}}) \\
&= 2.66\times(2.41 - 0.46) = 5.19\,\text{m}^3/\text{s}
\end{aligned}
$$

（2）当按小孔出流处理时，

出流量　$Q' = A\sqrt{2gH_0} = 0.9\times 1.2\times\sqrt{2\times 9.81\times 1.2}$
$= 5.24\,\text{m}^3/\text{s}$

由两者引起的相对误差为　$\delta = \dfrac{5.24 - 5.19}{5.19}\times 100\% = 1\%$

4.13　今想利用水箱 A 中水的流动来吸出水槽 B 中的水。水箱及管道各部分的截面面积及速度如习题 4.13 图所示。试求：（1）使最小截面处压强低于大气压的条件；（2）从水槽 B 中把水吸出的条件。（在此假定：$A_e \ll A_0$，$A_a \ll A_0$，与水箱 A 中流出的流量相比，从 B 中吸出的流量为小量。）

解　（1）在 $A_e \ll A_0$ 及 $A_a \ll A_0$ 的假定下，本题可看作小孔出流。

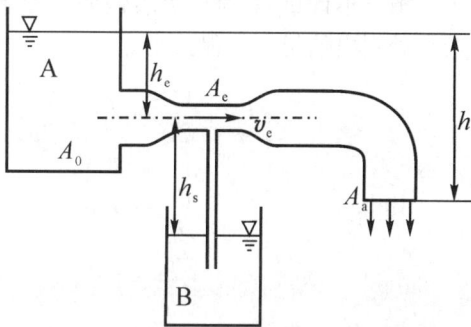

由 Torricelli 定理　$V_a = \sqrt{2gh}$

以 A_e 处为基准，对水箱 A 自由液面及最小截面 A_e 建立总流伯努利方程：

$$h_e + \frac{p_a}{\gamma} + \frac{V_0^2}{2g} = \frac{p_e}{\gamma} + \frac{V_e^2}{2g}$$

其中　$V_0 = 0$，$p_a = 0$

故　　　　$h_e = \dfrac{p_e}{\gamma} + \dfrac{V_e^2}{2g}$

要使最小截面处压强 p_e 低于大气压，即为负值，必须使

习题 4.12 图

习题 4.13 图

$$h_e < \frac{V_e^2}{2g}$$

由连续方程

$$A_a V_a = A_e V_e$$

得

$$V_e = \frac{A_a}{A_e} V_a$$

故

$$\frac{V_e^2}{2g} = \left(\frac{A_a}{A_e}\right)^2 \frac{V_a^2}{2g} = \left(\frac{A_a}{A_e}\right)^2 \frac{2gh}{2g}$$

$$= \left(\frac{A_a}{A_e}\right)^2 h$$

得此时的条件应为

$$\frac{A_a}{A_e} > \sqrt{\frac{h_e}{h}}$$

（2）若从水槽 B 中吸出水时，需要具备的条件为

$$p_e < -\gamma h_s, \text{或} \frac{p_e}{\gamma} < -h_s$$

将 $\frac{p_e}{\gamma} = h_e - \frac{V_e^2}{2g}$ 代入上式，得

$$h_e - \frac{V_e^2}{2g} < -h_s \quad \text{或} \quad h_e + h_s < \frac{V_e^2}{2g}, V_e > \sqrt{2g}\sqrt{h_e + h_s}$$

由于 $\frac{A_a}{A_e} = \frac{V_e}{V_a} = \frac{V_e}{\sqrt{2gh}}$

将上述不等式代入此式，故得

$$\frac{A_a}{A_e} > \sqrt{\frac{h_e + h_s}{h}}$$

4.14 如习题 4.14 图所示，一消防水枪，向上倾角 $\alpha = 30°$ 水管直径 $D = 150\,\text{mm}$，压力表读数 $p = 3\,\text{m}$ 水柱高，喷嘴直径 $d = 75\,\text{mm}$，求喷出流速，喷至最高点的高程及在最高点的射流直径。

解 不计重力，对压力表截面 1 处至喷嘴出口 2 处列出伯努利方程：

$$\frac{p_1}{\gamma} + \frac{V_1^2}{2g} = \frac{p_2}{\gamma} + \frac{V_2^2}{2g}$$

其中

$$\frac{p_1}{\gamma} = 3\,\text{m}$$

$$\frac{p_2}{\gamma} = 0$$

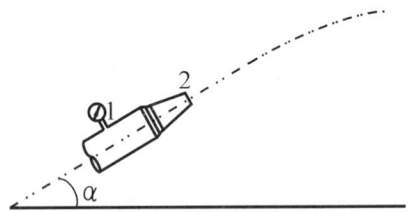

习题 4.14 图

得

$$V_2^2 - V_1^2 = 2g \times 3 = 6g \tag{a}$$

另外，由连续方程 $\frac{\pi}{4} D^2 V_1 = \frac{\pi}{4} d^2 V_2$

得

$$V_1 = \left(\frac{d}{D}\right)^2 V_2 = \left(\frac{75}{150}\right)^2 V_2 = \frac{V_2}{4}$$

将上式代入(a)式,得
$$V_2^2 - \frac{V_2^2}{16} = 6 \times 9.81$$

因此 $V_2 = 7.92 \text{ m/s}$

设最高点位置为 y_{max},则根据质点的上抛运动有

$$(V_2 \sin a)^2 = 2g y_{max}$$

$$y_{max} = \frac{(7.92 \times \sin 30°)^2}{2 \times 9.81} = 0.8 \text{ m}$$

射流至最高点时,仅有水平速度 $V_3 = V_2 \cos 30°$,列出喷嘴出口处 2 至最高点处 3 的伯努利方程(在大气中压强均为零):

$$\frac{V_2^2}{2g} = 0.8 + \frac{V_3^2}{2g}$$

得 $V_3 = \sqrt{V_2^2 - 0.8 \times 2g} = \sqrt{7.92^2 - 0.8 \times 2 \times 9.81} = 6.86 \text{ m/s}$

由于水平速度始终是不变的,故

$$V_3 = V_2 \cos 30° = 7.92 \times 0.866 = 6.86 \text{ m/s}$$

由连续方程,最高点射流直径 d_3 可由下式求得:

$$\frac{\pi}{4} d^2 V_2 = \frac{\pi}{4} d_3^2 V_3$$

故 $$d_3 = d\sqrt{\frac{V_2}{V_3}} = 75 \times \sqrt{\frac{7.92}{6.86}} = 80.6 \text{ mm}$$

4.15 如习题 4.15 图所示,水以 $V = 10 \text{ m/s}$ 的速度从内径为 50 mm 的喷管中喷出,喷管的一端则用螺栓固定在内径为 100 mm 水管的法兰上。如不计损失,试求作用在连接螺栓上的拉力。

解 由连续方程 $V_1 \frac{\pi}{4} d_1^2 = V \frac{\pi}{4} d_2^2$

故 $V_1 = V\left(\frac{d_2}{d_1}\right)^2 = 10 \times \left(\frac{50}{100}\right)^2$

$= 2.5 \text{ m/s}$

对喷管的入口及出口列出总流伯努利方程:

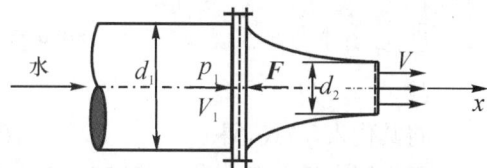

习题 4.15 图

$$\frac{p_1}{\gamma} + \frac{V_1^2}{2g} = \frac{p}{\gamma} + \frac{V^2}{2g}$$

其中 $$p = 0$$

得 $p_1 = \frac{\rho}{2}(V^2 - V_1^2) = 0.5 \times 1\,000 \times (10^2 - 2.5^2) = 46\,875 \text{ Pa}$

取控制面,并建立坐标如习题 4.15 图所示。设喷管对流体的作用力为 $\boldsymbol{F}$。

根据动量定理

$$\sum F_x = \int_A \rho V_n V_x \mathrm{d}A$$

得　$-F + p_1 \dfrac{\pi}{4} d_1^2 = 1\,000 \times (-V_1) V_1 \dfrac{\pi}{4} d_1^2 + 1\,000 VV \dfrac{\pi}{4} d_2^2$

$F = 46\,875 \times \dfrac{\pi}{4} \times 0.1^2 + 1\,000 \times 2.5^2 \times \dfrac{\pi}{4} \times 0.1^2 - 1\,000 \times 10^2 \times \dfrac{\pi}{4} \times 0.05^2$

$ = 220.8\,\mathrm{N}$

故作用在连接螺栓上的拉力大小为 220.8 N,方向同 **F** 方向相反。

4.16 将一平板伸到水柱内,板面垂直于水柱的轴线,水柱被截后的流动如图习题 4.16 所示。已知水柱的流量 $Q = 0.036\,\mathrm{m^3/s}$,水柱的来流速度 $V = 30\,\mathrm{m/s}$,若被截取的流量 $Q_1 = 0.012\,\mathrm{m^3/s}$,试确定水柱作用在板上的合力 F 和水流的偏转角 α(略去水的重量及黏性)。

解　设水柱的周围均为大气压。由于不计重力,因此由伯努利方程可知:

$$V = V_1 = V_2 = 30\,\mathrm{m/s}$$

由连续方程　$Q = Q_1 + Q_2$

得　$Q_2 = Q - Q_1 = 0.036 - 0.012 = 0.024\,\mathrm{m^3/s}$

取封闭的控制面如习题 4.16 图所示,并建立 xOy 坐标。设平板对射流柱的作用力为 **F**(由于不考虑黏性,仅为压力)。

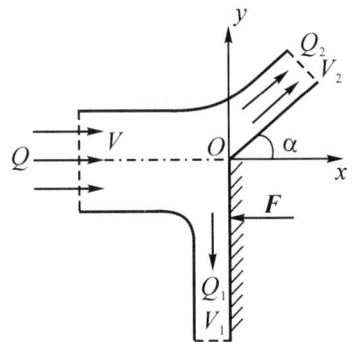

习题 4.16 图

根据动量定理可知:

x 方向:$-F = \rho(-Q)V + \rho Q_2 V_2 \cos \alpha$

即　$F = 1\,000 \times 0.036 \times 30 - 1\,000 \times 0.024 \times 30 \times \cos\alpha$　　(a)

y 方向:$0 = \rho Q_2 V \sin a + \rho Q_1 (-V_1)$

即

$$\sin\alpha = \frac{Q_1}{Q_2} = \frac{0.012}{0.024} = \frac{1}{2}$$

故

$$\alpha = 30°$$

将其代入(a)式,得　　　　　　　$F = 456.5\,\mathrm{N}$

即作用在板上合力大小 456.5 N,方向与 **F** 的方向相反。

4.17 一水射流以速度 v 对弯曲对称叶片的冲击如习题 4.17 图所示,试就下面两种情况求射流对叶片的作用力:(1)喷嘴和叶片都固定;(2)喷嘴固定,叶片以速度 u 后退。

解　(1)射流四周均为大气压,且不计重力。由伯努利方程,各断面上的流速均相同。取封闭控制面如习题 4.17 图所示,并建立 xOy 坐标。当叶片喷嘴均固定时,设流体受到叶片的作用力为 **F**。

根据动量定理可知:

x 方向:$\sum F_x = \int_A \rho v_n v \mathrm{d}A$

即　$-F=\rho(-Q)v+2\rho\dfrac{Q}{2}v[-\cos(\pi-\alpha)]$

$\qquad\qquad =\rho Qv(\cos\alpha-1)$

得　$\qquad F=\rho\dfrac{\pi}{4}d^2v^2(1-\cos\alpha)$

射流对叶片的作用力大小为 $\rho\dfrac{\pi}{4}d^2v^2(1-\cos\alpha)$，方向与 $\boldsymbol{F}$ 的方向相反。

（2）当控制体在作匀速运动时，由于固结在控制体上的坐标系仍是惯性系，在动量定理中只要将相对速度代替绝对速度即可。

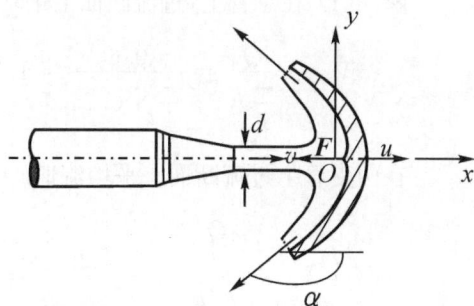

习题 4.17 图

现当叶片以 u 速度后退，此时射流相对于固结在叶片上控制面的相对速度为 $v_r=v-u$，因此叶片受到的力大小为

$$F'=\rho\dfrac{\pi}{4}d^2(v-u)^2(1-\cos\alpha)$$

如当 $v=19.8\text{ m/s}$，$u=12\text{ m/s}$，$d=100\text{ mm}$，$\alpha=135°$ 时，则

$$F'=1\,000\times\dfrac{\pi}{4}\times0.1^2\times(19.8-12)^2\times(1-\cos135°)$$

$$=815.3\text{ N}$$

4.18　如习题 4.18 图所示，锅炉省煤气装置的进口处测得烟气负压 $h_1=10.5\text{ mmH}_2\text{O}$，出口负压 $h_2=20\text{ mmH}_2\text{O}$。如炉外空气 $\rho=1.2\text{ kg/m}^3$，烟气的密度 $\rho'=0.6\text{ kg/m}^3$，两侧压断面高度差 $H=5\text{ m}$，试求烟气通过省煤气装置的压强损失。

解　本题要应用非空气流以相对压强表示的伯努利方程形式。由进口断面 1-1 至出口断面 2-2 列出伯努利方程

$$p_1+\dfrac{\rho'V_1^2}{2}+(\gamma_a-\gamma)(z_2-z_1)=p_2+\dfrac{\rho'}{2}V_2^2+\Delta p$$

式中　$p_1=-0.010\,5\times9\,807=-102.97\text{ Pa}$

$\qquad\quad p_2=-0.02\times9\,807=-196.14\text{ Pa}$

$\qquad\quad V_1=V_2$

故　$-102.97+9.81\times(1.2-0.6)\times(0-5)$

$\quad=-196.14+\Delta p$

得　$\qquad\qquad\qquad \Delta p=63.74\text{ Pa}$

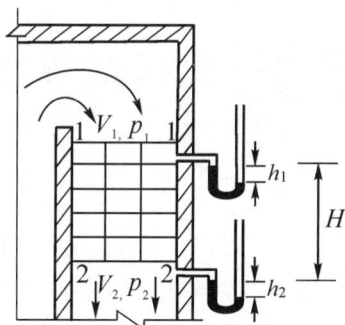

习题 4.18 图

4.19　如习题 4.19 图所示，直径为 $d_1=700\text{ mm}$ 的管道，在支承水平面上分支为 $d_2=500\text{ mm}$ 的两支管，$A-A$ 断面的压强为 70 kPa，管道流量 $Q=0.6\text{ m}^3/\text{s}$，两支管流量相等。(1)不计水头损失，求支墩所受的水平推力；(2)若水头损失为支管流速水头的 5 倍，求支墩所受的水平推力。(不考虑螺栓连接的作用。)

解 (1) 在总管上,过流断面上平均流速

$$V_1 = \frac{Q}{\frac{\pi}{4}d_1^2} = \frac{0.6}{\frac{\pi}{4} \times 0.7^2} = 1.56 \text{ m/s}$$

在两支管上过流断面上平均流速

$$V_2 = V_3 = \frac{\frac{Q}{2}}{\frac{\pi}{4}d_2^2} = \frac{0.3}{\frac{\pi}{4} \times 0.5^2} = 1.53 \text{ m/s}$$

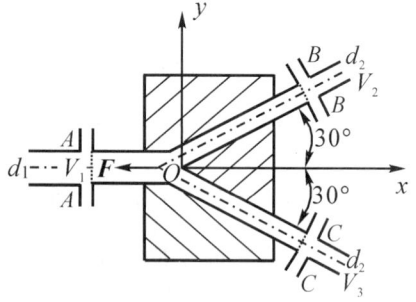

习题 4.19 图

列出理想流体的 A-A → B-B 断面的伯努利方程:

$$p_1 + \frac{\rho}{2}V_1^2 = p_2 + \frac{\rho}{2}V_2^2$$

式中

$$p_1 = 70 \text{ kPa}$$

$$V_1 = 1.56 \text{ m/s}$$

$$V_2 = 1.53 \text{ m/s}$$

因此

$$70 \times 10^3 + \frac{1\,000}{2} \times 1.56^2 = p_2 + \frac{1\,000}{2} \times 1.53^2$$

解得

$$p_2 = p_3 = 70.05 \text{ kPa}$$

取封闭的控制面如习题 4.19 图所示,并建立 xOy 坐标。设三通管对控制面内流体作用力为 F。

根据动量定理

$$\sum F_x = \int_A \rho V_n V \mathrm{d}A$$

得 $-F + p_1 \frac{\pi}{4}d_1^2 - 2p_2 \frac{\pi}{4}d_2^2 \cos 30° = 1\,000 \times (-Q)V_1 + 1\,000 \times \frac{Q}{2} \times V_2 \cos 30° \times 2$

即 $\quad F = 70 \times 10^3 \times \frac{\pi}{4} \times 0.7^2 - 2 \times 70.05 \times 10^3 \times \frac{\pi}{4} \times 0.5^2 \times \cos 30° +$

$$1\,000 \times 0.6 \times 1.56 - 1\,000 \times 0.6 \times 1.53 \times \cos 30°$$

$$= 3.26 \text{ kN}$$

故支墩受到的水平推力大小为 3.26 kN,方向与图中 F 的方向相反。

(2) 当考虑黏性流体时,只要在伯努利方程中考虑水头损失即可。

列出 A → B 断面黏性流体的伯努利方程:

$$\frac{p_1}{\gamma} + \frac{V_1^2}{2g} = \frac{p_2}{\gamma} + \frac{V_2^2}{2g} + h_f$$

式中

$$h_f = 5\frac{V_2^2}{2g}$$

其他同上。则

$$p_2 = p_3 = p_1 + \frac{\rho}{2}(V_1^2 - V_2^2) - 5\gamma \times \frac{V_2^2}{2g}$$

$$= 70 \times 10^3 + \frac{1\,000}{2} \times (1.56^2 - 1.53^2) - 9\,807 \times 5 \times \frac{1.53^2}{2 \times 9.81}$$

$$= 64.195 \text{ kPa}$$

以此 p_2 代入上述动量定理式,解得

$$F = 5.25 \text{ kN}$$

4.20 下部水箱重 224 N,其中盛水重 897 N,如果此箱放在秤台上,受到如习题 4.20 图所示的恒定流作用。问秤的读数是多少?

解　对于水从上、下水箱底孔中出流速度,由 Torricelli 定理可得

$$V_1 = V_3 = \sqrt{2gh_1} = \sqrt{2 \times 9.81 \times 1.8} = 5.94 \text{ m/s}$$

流量　$Q = \dfrac{\pi}{4}d^2 V_1 = \dfrac{\pi}{4} \times 0.2^2 \times 5.94$

$$= 0.186\,6 \text{ m}^3/\text{s}$$

而流入下水箱时的流速,由伯努利方程

$$z_1 + \frac{V_1^2}{2g} = z_2 + \frac{V_2^2}{2g}$$

式中　$z_2 = 0$, $z_1 = 6$ m

$$V_1 = 5.94 \text{ m/s}$$

则　$V_2 = \sqrt{V_1^2 + 2gh_2}$

$$= \sqrt{5.94^2 + 2 \times 9.81 \times 6}$$

$$= 12.37 \text{ m/s}$$

设封闭的控制面如习题 4.20 图所示。设下水箱

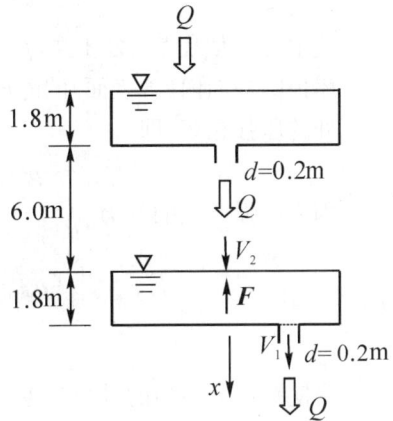

习题 4.20 图

中水受到重力为 G,水箱对其作用力为 F,并建立坐标轴 x。

由动量定理　　　　　　$$\sum F_x = \int_A \rho V_n V \mathrm{d}A$$

得　　　　　　　　　　$$G - F = \rho(-Q)V_2 + \rho Q V_1$$

即　$F = 897 + 1\,000 \times 0.186\,6 \times 12.37 - 1\,000 \times 0.186\,6 \times 5.94 = 2\,097$ N

故秤的读数 = 水箱自重 + 流体对水箱的作用力

$$= 224 + 2\,097$$

$$= 2\,321 \text{ N}$$

第5章 平面势流理论

计算题

5.1 如习题 5.1 图所示。设把蒙古包做成一个半径为 R 的半圆柱体,因受到正面来的速度为 U_0 的大风袭击,屋顶有被掀起的危险,其原因是屋顶内外有压差。试问:通气窗口的角度 α 为多少时,可以使屋顶受到的升力为零?

解 屋顶圆柱面外表面受到的升力

$$F_L = \int_0^\pi (p_s - p_\infty) R \mathrm{d}\theta \sin\theta \quad (\text{方向向下})$$

式中,p_∞ 为无穷远处压强,p_s 为圆柱外表面上的压强。屋顶圆柱面内(含表面)的静压强为 p_{in},它与通气窗口处的压强相等,即

$$p_{in} = p_s \mid_{\theta = \pi - \alpha}$$

则内压强产生的升力

$$F'_L = \int_0^\pi (p_{in} - p_\infty) R \mathrm{d}\theta \sin\theta = 2R(p_{in} - p_\infty) \quad (\text{方向向上})$$

$$(p_{in} - p_\infty \text{ 为常量})$$

要使圆柱面屋顶的升力为零,则

$$F_L = F'_L$$

即

$$\int_0^\pi (p_s - p_\infty) R \sin\theta \mathrm{d}\theta = 2R(p_{in} - p_\infty) \qquad (\text{a})$$

引入压强因数

$$C_p = \frac{p_s - p_\infty}{\frac{1}{2}\rho U_0^2}$$

圆柱体表面的 C_p 分布式为

$$C_p = 1 - 4\sin^2\theta$$

则(a)式为

$$\int_0^\pi (1 - 4\sin^2\theta) \sin\theta \mathrm{d}\theta = 2(1 - 4\sin^2\alpha)$$

考虑到

$$\int_0^\pi \sin\theta \mathrm{d}\theta = 2, \quad \int_0^\pi \sin^3\theta \mathrm{d}\theta = \frac{4}{3}$$

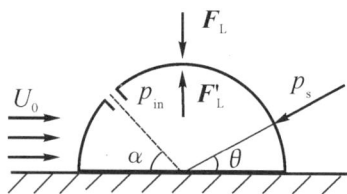

得到
$$1 - 4\sin^2\alpha = -\frac{5}{3}$$

故解得
$$\alpha = 54.74°$$

5.2 已知复势为:(1) $W(z) = z^2$;(2) $W(z) = \frac{m}{2\pi}\ln(z^2 - a^2)$,试画出它们所代表的流动的流线形状。

解 (1)
$$W(z) = z^2$$

引入
$$z = re^{i\theta}$$

故
$$W(z) = z^2 = r^2(\cos 2\theta + i\sin 2\theta)$$

速度势
$$\varphi = r^2\cos 2\theta$$

流函数
$$\psi = r^2\sin 2\theta$$

当 $\psi = 0$ 时,$\sin 2\theta = 0$,即

$$2\theta = k\pi$$

$$\theta = k\frac{\pi}{2} \ (k = 0, \pm 1, \pm 2, \cdots)$$

此为流线的渐近线。

$$\psi = C \quad 得 C = r^2\sin 2\theta = 2r\sin\theta \cdot r\cos\theta$$

或
$$xy = C$$

即流线为双曲线族。

又由于复速度
$$u - iv = \frac{dW}{dz} = 2z = 2(x + iy)$$

$$\begin{cases} u = 2x \\ v = -2y \end{cases}$$

故流线图如习题 5.2 图(a)所示。

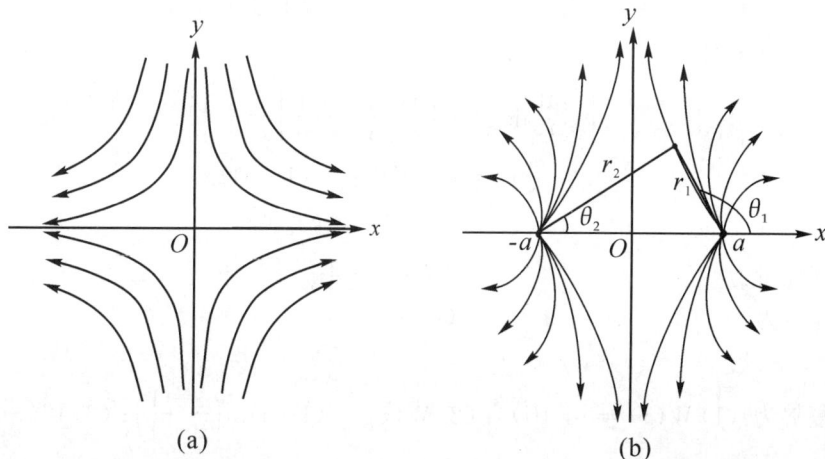

(a)　　　　　(b)

习题 5.2 图

$$（2）W(z) = \frac{m}{2\pi}\ln(z^2 - a^2)$$

$$= \frac{m}{2\pi}\left[\ln(z+a) + \ln(z-a)\right]$$

故流动为各位于 $z = -a$，$z = a$ 而强度为 m 的两个源叠加而成。

令 $$z - a = r_1 e^{i\theta_1}, \ z + a = r_2 e^{i\theta_2}$$

则 $$W(z) = \frac{m}{2\pi}\ln r_1 r_2 e^{i(\theta_1 + \theta_2)}$$

故 $$\psi = \frac{m}{2\pi}(\theta_1 + \theta_2)$$

流线为 $$\theta_1 + \theta_2 = 常量$$

故流线形状如习题 5.2 图(b)所示。

5.3 设复势为 $W(z) = (1+i)\ln(z^2 + 1) + \frac{1}{z}$，试分析它是由哪些基本流动所组成的(包括强度和位置)？并求沿圆周 $x^2 + y^2 = 9$ 的速度环量 Γ 及通过该圆周的流体体积流量。

解 $W(z) = (1+i)\ln(z^2 + 1) + \frac{1}{z}$

$$= \ln(z+i)(z-i) + i\ln(z+i)(z-i) + \frac{1}{z}$$

流动由下列简单平面势流叠加而成：

① 位于 $\pm i$ 处，强度为 $m = 2\pi$ 的源；

② 位于 $\pm i$ 处，强度为 $\Gamma = 2\pi$ 的点涡(顺时针旋向)；

③ 位于原点 $z = 0$ 处，强度为 $M = 2\pi$ 的偶极子(源→汇为 x 方向)

复速度 $$\frac{dW}{dz} = \frac{1}{z+i} + \frac{1}{z-i} + \frac{i}{z+i} + \frac{i}{z-i} - \frac{1}{z^2}$$

$$\oint_c \frac{dW}{dz}dz = \int_c \left[\frac{1}{z+i} + \frac{1}{z-i} + \frac{i}{z+i} + \frac{i}{z-i} - \frac{1}{z^2}\right]dz$$

其中 c 为 $x^2 + y^2 = 3^2$，或 $|z| = 3$，显然它包含了这些奇点。

由留数定理

$$\oint_c \frac{dW}{dz}dz = \int_c \left[\frac{1+i}{z+i} + \frac{1+i}{z-i} - \frac{1}{z^2}\right]dz$$

$$= (1+i)2\pi i + (1+i)2\pi i$$

$$= 4\pi i - 4\pi = \Gamma + iQ$$

故速度环量为 $$\Gamma_{|z|=3} = -4\pi$$

体积流量为 $$Q_{|z|=3} = 4\pi$$

5.4 已知复势为：(1) $W(z) = (1+i)z$；(2) $W(z) = (1+i)\ln\left(\frac{z+1}{z-4}\right)$；(3) $W(z) = -6iz + i\frac{24}{z}$。试分析以上流动的组成，绘制流线图，并计算通过圆周 $x^2 + y^2 = 9$ 的流量，以及沿

这一圆周的速度环量。

解　(1) $W(z) = (1+i)z = (1+i)(x+iy)$

$$= (x-y) + i(x+y)$$

$\varphi = x - y$，$\psi = x + y$ 为均流。

令　$\psi = C$，流线方程为

$$x + y = C$$

$$\frac{\mathrm{d}W}{\mathrm{d}z} = 1 + i$$

将其沿　$x^2 + y^2 = 3^2$ 积分得

$$\oint_{|z|=3} \frac{\mathrm{d}W}{\mathrm{d}z} \mathrm{d}z = (1+i) \oint_{|z|=3} \mathrm{d}z = 0$$

则　　　　　　　　　　　　$\Gamma_{|z|=3} = 0$，$Q_{|z|=3} = 0$

故流线图如习题 5.4 图(a)所示。

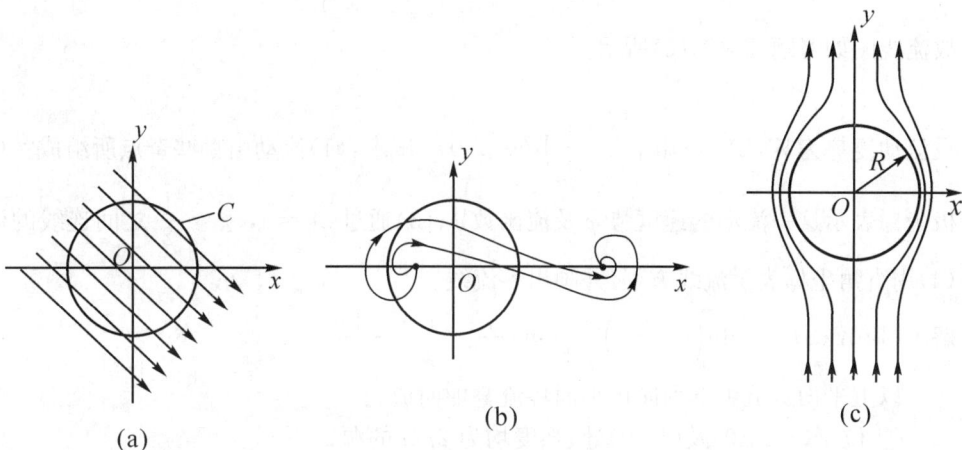

(a)　　　　　　　　　　(b)　　　　　　　　　　(c)

习题 **5.4** 图

(2) $W(z) = (1+i)\ln\left(\dfrac{z+1}{z-4}\right)$

$$= \ln(z+1) + i\ln(z+1) - \ln(z-4) - i\ln(z-4)$$

流动由下列平面势流叠加而成：

① 在 $z = -1$ 处，强度为 2π 的源；

② 在 $z = 4$ 处，强度为 2π 的汇；

③ 在 $z = -1$ 处，强度为 2π 的点涡(顺时针旋转)；

④ 在 $z = 4$ 处，强度为 2π 的点涡(逆时针旋转)。

$$\frac{\mathrm{d}W}{\mathrm{d}z} = (1+i)\left(\frac{1}{z+1} - \frac{1}{z-4}\right)$$

$$\oint_{|z|=3} \frac{\mathrm{d}W}{\mathrm{d}z} \mathrm{d}z = (1+i) \oint_{|z|=3} \left(\frac{1}{z+1} - \frac{1}{z-4}\right) \mathrm{d}z$$

$$= (1+i)\oint_{|z|=3} \frac{\mathrm{d}z}{z+1} = (1+i)2\pi i = 2\pi i - 2\pi$$

$$= \Gamma + iQ$$

则

$$\Gamma_{|z|=3} = -2\pi, \quad Q_{|z|=3} = 2\pi$$

故流线图如习题 5.4 图(b)所示。

$$(3)\ W(z) = -6iz + i\frac{24}{z} = -6i\left(z - \frac{4}{z}\right) = 6e^{-\frac{\pi}{2}i}\left(z + \frac{2^2 e^{\pi i}}{z}\right)$$

这是 $U_0 = 6$ 的均流(速度沿 y 轴方向)绕半径 $a=2$ 的圆柱的绕流,即均流叠加强度为

$$M = 48\pi e^{-\frac{\pi}{2}i} \text{ 的偶极(方向源} \rightarrow \text{汇为 } y \text{ 轴方向)}$$

$$\frac{\mathrm{d}W}{\mathrm{d}z} = -6i - \frac{24i}{z^2}$$

$$\oint_{|z|=3} \frac{\mathrm{d}W}{\mathrm{d}z}\mathrm{d}z = \oint_{|z|=3}\left(-6i - \frac{24i}{z^2}\right)\mathrm{d}z = 0$$

$$= \Gamma + iQ$$

则

$$\Gamma_{|z|=3} = 0, \quad Q_{|z|=3} = 0$$

故流线图如习题 5.4 图(c)所示。

5.5 设流动复势为 $W(z) = m\ln\left(z - \dfrac{1}{z}\right)\ (m>0)$,试求:(1)流动由哪些奇点所组成?(2)用极坐标表示这一流动的速度势 φ 及流函数 ψ;(3)通过 $z_1 = i, z_2 = \dfrac{1}{2}$ 之间连线的流量;(4)用直角坐标表示流线方程,并画出零流线。

解 (1) $W(z) = m\ln\left(z - \dfrac{1}{z}\right) = m\ln\dfrac{(z+1)(z-1)}{z}$

以上平面势流由下列简单平面势流叠加而成:

① 位于 $(-1, 0)$ 及 $(1, 0)$ 处,强度均为 $2\pi m$ 的源;

② 位于 $(0, 0)$ 处,强度为 $2\pi m$ 的汇。

$(2)\ W(z) = m\ln\left(z - \dfrac{1}{z}\right) = m\ln\left(re^{i\theta} - \dfrac{1}{r}e^{-i\theta}\right)$

$$= m\ln\frac{r^2(\cos\theta + i\sin\theta) - (\cos\theta - i\sin\theta)}{r}$$

$$= m\ln\left[\frac{(r^2-1)\cos\theta}{r} + i\frac{(r^2+1)\sin\theta}{r}\right]$$

$$= m\ln\left[\sqrt{\frac{r^4 - 2r^2\cos 2\theta + 1}{r^2}}e^{i\arctan\left(\frac{r^2+1}{r^2-1}\tan\theta\right)}\right]$$

故

$$\varphi = m\ln\frac{\sqrt{r^4 - 2r^2\cos 2\theta + 1}}{r}$$

$$\psi = m\arctan\left(\frac{r^2+1}{r^2-1}\tan\theta\right)$$

(3) 通过点 $z_1 = i, z_2 = \dfrac{1}{2}$ 两点之间连线的流量

$$Q = \psi(z_1) - \psi(z_2) = \psi(\mathrm{i}) - \psi\left(\frac{1}{2}\right)$$

$$= m\arctan\infty - m\arctan 0 = \frac{m\pi}{2}$$

（4）用直角坐标表示的流线方程

$$\psi = m\arctan\left(\frac{r^2+1}{r^2-1}\tan\theta\right) = C$$

由于
$$r^2 = x^2 + y^2,\ \tan\theta = \frac{y}{x}$$

故
$$\psi = m\arctan\left[\frac{(x^2+y^2+1)y}{(x^2+y^2-1)x}\right] = C$$

或
$$\frac{y(x^2+y^2+1)}{x(x^2+y^2-1)} = C$$

零流线即 $C = 0$，得

$y = 0$　（即 x 轴）　$(x^2+y^2+1=0$，无意义$)$

$x = 0$　（即 y 轴）

及 $x^2 + y^2 - 1 = 0$ 也为流线，但

$$\psi = \frac{m\pi}{2}$$

5.6　一沿 x 轴正向的均流，流速为 $U_0 = 10\ \mathrm{m/s}$，今与一位于原点的点涡相叠加。已知驻点位于点$(0，-5)$，试求：(1)点涡的强度；(2)$(0，5)$点的流速；(3)通过驻点的流线方程。

解　（1）设点涡的强度为 Γ。要使驻点位于$(0，-5)$，则 Γ 应为顺时针转向，故复势

$$W(z) = U_0 z - \frac{\mathrm{i}\Gamma}{2\pi}\ln z$$

$$\frac{\mathrm{d}W}{\mathrm{d}z} = U_0 - \frac{\mathrm{i}\Gamma}{2\pi}\frac{1}{z} = U_0 - \frac{\mathrm{i}\Gamma}{2\pi r}(\cos\theta - \mathrm{i}\sin\theta) = u - \mathrm{i}v$$

将　$U_0 = 10\ \mathrm{m/s}$，$r = 5$，$\theta = -\dfrac{\pi}{2}$ 代入上式，并令 $\dfrac{\mathrm{d}W}{\mathrm{d}z} = 0$，则

$$10 - \frac{\Gamma}{2\pi \times 5}\sin\left(-\frac{\pi}{2}\right) = 0$$

故　$\Gamma = -100\pi$（即顺时针旋转）

（2）由于
$$u = U_0 - \frac{\Gamma}{2\pi r}\sin\theta$$

$$v = \frac{\Gamma}{2\pi r}\cos\theta$$

将 $r = 5$，$\theta = \dfrac{\pi}{2}$，$\Gamma = -100\pi$ 代入上式，得

$(0，5)$点的速度

$$u = 10 + \frac{100\pi}{2\pi \times 5}\sin\frac{\pi}{2} = 20 \text{ m/s}$$

$$v = 0$$

(3) $W(z) = U_0 z - \dfrac{\mathrm{i}\Gamma}{2\pi}\ln z$

$$= U_0(x + \mathrm{i}y) - \frac{\mathrm{i}\Gamma}{2\pi}\ln re^{\mathrm{i}\theta}$$

得
$$\psi = U_0 y - \frac{\Gamma}{2\pi}\ln\sqrt{x^2 + y^2}$$

在驻点$(0, -5)$处,即

$$\psi = 10 \times (-5) + 50\ln 5$$
$$= 50(\ln 5 - 1)$$

故流过驻点的流线方程为:

$$10y + 50\ln\sqrt{x^2 + y^2} = 50(\ln 5 - 1)$$

整理得
$$\ln(0.2\sqrt{x^2 + y^2}) + 0.2y + 1 = 0$$

5.7 一平面势流由点源和点汇叠加而成,点源位于点$(-1, 0)$,其强度为$m_1 = 20 \text{ m}^3/\text{s}$,点汇位于点$(2, 0)$,其强度为$m_2 = 40 \text{ m}^3/\text{s}$,流体密度$\rho = 1.8 \text{ kg/m}^3$。设已知流场中$(0, 0)$点的压强为0,试求点$(0, 1)$和$(1, 1)$的流速和压强。

解 点源和点汇叠加后的复势

$$W(z) = \frac{m_1}{2\pi}\ln(z + 1) - \frac{m_2}{2\pi}\ln(z - 2)$$

$$\frac{\mathrm{d}W}{\mathrm{d}z} = \frac{m_1}{2\pi}\frac{1}{z + 1} - \frac{m_2}{2\pi}\frac{1}{z - 2}$$

$$= \frac{m_1}{2\pi}\frac{1}{(x + 1) + \mathrm{i}y} - \frac{m_2}{2\pi}\frac{1}{(x - 2) + \mathrm{i}y}$$

$$= \frac{m_1}{2\pi}\frac{(x + 1) - \mathrm{i}y}{(x + 1)^2 + y^2} - \frac{m_2}{2\pi}\frac{(x - 2) - \mathrm{i}y}{(x - 2)^2 + y^2}$$

即
$$u = \frac{m_1}{2\pi}\frac{x + 1}{(x + 1)^2 + y^2} - \frac{m_2}{2\pi}\frac{x - 2}{(x - 2)^2 + y^2}$$

$$v = \frac{m_1}{2\pi}\frac{y}{(x + 1)^2 + y^2} - \frac{m_2}{2\pi}\frac{y}{(x - 2)^2 + y^2}$$

点$(0, 1)$处流速为V_1,

$$u_1 = \frac{20}{2\pi}\frac{1}{1 + 1} - \frac{40}{2\pi}\frac{-2}{4 + 1} = 4.14 \text{ m/s}$$

$$v_1 = \frac{20}{2\pi}\frac{1}{2} - \frac{40}{2\pi}\frac{1}{5} = \frac{1}{\pi} = 0.318 \text{ m/s}$$

速度大小　　　　　　$V_1 = \sqrt{u_1^2 + v_1^2} = \sqrt{4.14^2 + 0.318^2} = 4.15 \text{ m/s}$

同理,点 $(1,1)$ 处流速为 V_2,

$$u_2 = 4.46 \text{ m/s}$$

$$v_2 = -2.55 \text{ m/s}$$

速度大小　　　　　　　　　$V_2 = 5.13 \text{ m/s}$

点 $(0,0)$ 处流速为 V_0,

$$u_0 = 6.37 \text{ m/s}$$

$$v_0 = 0$$

速度大小　　　　　　　　　$V_0 = 6.37 \text{ m/s}$

由伯努利方程

$$p + \frac{\rho}{2}V^2 = C = 0 + \frac{1.8}{2} \times 6.37^2 = 36.5$$

故 $(0,1)$ 处压强

$$p_1 = 36.5 - \frac{\rho}{2} \times 4.15^2 = 21 \text{ Pa}$$

$(1,1)$ 处压强

$$p_2 = 36.5 - \frac{\rho}{2} \times 5.13^2 = 12.81 \text{ Pa}$$

5.8 设在半径为 R 的圆周上等距离分布有 n 个点涡,它们的强度均为 Γ,且转向相同,试写出流动的复势及求出复速度。

解　为简单起见,设编号为 1 的点涡恰好在实轴上。则均布在半径为 R 的圆周上的 n 个点涡的复势

$$W(z) = \frac{\Gamma}{2\pi \mathrm{i}} \ln\left[(z-R)(z-R\mathrm{e}^{\mathrm{i}\frac{2\pi}{n}})(z-R\mathrm{e}^{\mathrm{i}\frac{4\pi}{n}}) \cdots (z-R\mathrm{e}^{\mathrm{i}\frac{2k\pi}{n}}) \right]$$

上式中　$k = 0, 1, \cdots, n-1$

在复变函数中,半径为 R 的圆周上的 n 个点涡的位置,即是方程 $z^n - R^n = 0$ 的根。故

$$W(z) = \frac{\Gamma}{2\pi \mathrm{i}} \ln(z^n - R^n)$$

$$\frac{\mathrm{d}W}{\mathrm{d}z} = \frac{\Gamma}{2\pi \mathrm{i}} \frac{nz^{n-1}}{z^n - R^n}$$

5.9 试写出如习题 5.9 图所示的流动的复势。

解　(a) $W(z) = U_0 z \mathrm{e}^{-\mathrm{i}\alpha}$

(b) $W(z) = -U_0 z$

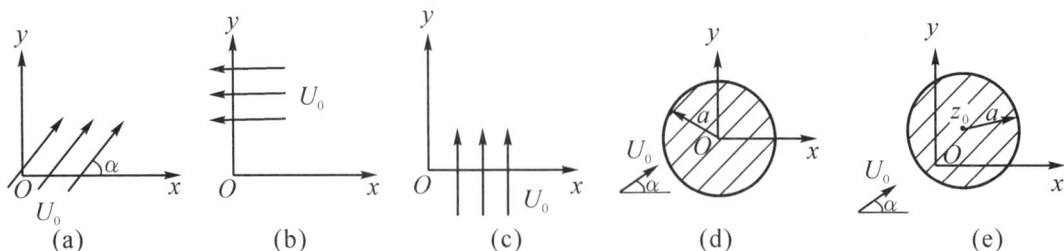

习题 5.9 图

$(c)\ W(z) = U_0 z \mathrm{e}^{-\mathrm{i}\frac{\pi}{2}} = -\mathrm{i} U_0 z$

$(d)\ W(z) = U_0 \mathrm{e}^{-\mathrm{i}\alpha}\left(z + \dfrac{a^2 \mathrm{e}^{2\mathrm{i}\alpha}}{z}\right)$

$(e)\ W(z) = U_0 \mathrm{e}^{-\mathrm{i}\alpha}\left(z - z_0 + \dfrac{a^2 \mathrm{e}^{2\mathrm{i}\alpha}}{z - z_0}\right)$

5.10 以 x 轴为固壁，在 $z = a\mathrm{i}$ 点上有一个强度为 M，方向沿 x 轴的偶极子，若叠加一个沿正 x 轴方向的均匀流，如习题 5.10 图所示，试证明，当 $M = 8\pi a^2 U_0$ 时，圆周 $x^2 + (y-a)^2 = 4a^2$ 是一条流线。

解 应用镜像法中的平面定理，流动复势

$$W(z) = U_0 z + \frac{M}{2\pi(z - a\mathrm{i})} + \frac{M}{2\pi(z + a\mathrm{i})}$$

令 $(z - a\mathrm{i}) = r_1 \mathrm{e}^{\mathrm{i}\theta_1}$

$(z + a\mathrm{i}) = r_2 \mathrm{e}^{\mathrm{i}\theta_2}$

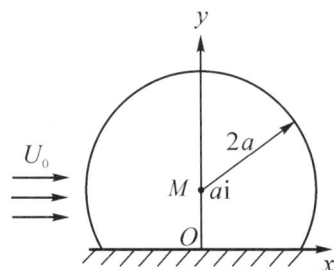

习题 5.10 图

其中 $r_1^2 = x^2 + (y-a)^2$, $\sin\theta_1 = \dfrac{y-a}{r_1}$

$r_2^2 = x^2 + (y+a)^2$, $\sin\theta_2 = \dfrac{y+a}{r_2}$

流函数 ψ 是 $W(z)$ 的虚部，则

$$\psi = U_0 y - \frac{M}{2\pi}\left(\frac{\sin\theta_1}{r_1} + \frac{\sin\theta_2}{r_2}\right)$$

当 $x^2 + (y-a)^2 = 4a^2$ 时，

$$r_1^2 = 4a^2$$

$$r_2^2 = x^2 + (y+a)^2 = x^2 + (y-a)^2 + 4ay = 4a(a+y)$$

故

$$\psi = U_0 y - \frac{M}{2\pi}\left(\frac{y-a}{4a^2} + \frac{1}{4a}\right)$$

$$= U_0 y - 4a^2 U_0 \frac{y}{4a^2} = 0$$

显然，当 $\psi = 0$ 是零流线方程，即证明了 $x^2 + (y-a)^2 = 4a^2$ 是一条流线。

5.11 设想在半径为 a 的圆筒壁上置有一强度为 m 的点源(如习题 5.11 图所示),试写出流动的复势。

解　解法(1):

采用一分式线性变换,将圆周变为辅助平面 ζ 上的实轴,很显然,此变换为:

$$\zeta = -\mathrm{i}\frac{z-z_0}{z+z_0} \quad \text{或} \quad z = -z_0\frac{\zeta-\mathrm{i}}{\zeta+\mathrm{i}}$$

这一变换将圆周变换成实轴外,还将 z_0 变换成 $\zeta = 0$,将 $z = 0$,$z = \infty$ 分别变换成 $\zeta = \mathrm{i}$ 和 $\zeta = -\mathrm{i}$。

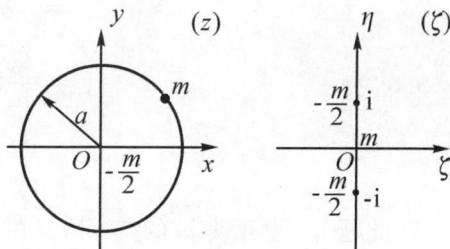

习题 5.11 图

为了吸收 ζ 平面的原点上点源的流量,必须在 i 和 $-\mathrm{i}$ 处各置一强度为 $\frac{m}{2}$ 的点汇,因此 ζ 平面上流动复势

$$W(\zeta) = \frac{m}{2\pi}\ln\zeta - \frac{m}{4\pi}\ln(\zeta-\mathrm{i})(\zeta+\mathrm{i}) = \frac{m}{4\pi}\ln\frac{\zeta^2}{\zeta^2+1}$$

将其代入至 z 平面,得

$$
\begin{aligned}
W(z) &= \frac{m}{4\pi}\ln\frac{\left(-\mathrm{i}\dfrac{z-z_0}{z+z_0}\right)^2}{1+\left(-\mathrm{i}\dfrac{z-z_0}{z+z_0}\right)^2} \\
&= \frac{m}{4\pi}\ln\frac{-\left(\dfrac{z-z_0}{z+z_0}\right)^2}{1-\left(\dfrac{z-z_0}{z+z_0}\right)^2} \\
&= \frac{m}{4\pi}\ln\left[-\frac{(z-z_0)^2}{4zz_0}\right] \\
&= \frac{m}{4\pi}\ln\frac{(z-z_0)^2}{z}
\end{aligned}
$$

该流动表示,在圆筒的中心,需置一强度为 $\frac{m}{2}$ 的汇。

解法(2):

设变换函数 $\qquad\qquad \zeta = \dfrac{z}{a}\mathrm{e}^{-\mathrm{i}\theta}$

其中 $\quad z_0 = a\mathrm{e}^{\mathrm{i}\theta}$

此变换将半径为 a 的圆周变成单位圆,z_0 变成 $\zeta = 1$。

应用公式

$$W(\zeta) = -\frac{m}{4\pi}\ln\zeta + \frac{m}{2\pi}\ln(\zeta-1)$$

将其代入至 z 平面,得

$$W(z) = -\frac{m}{4\pi}\ln\left(\frac{z}{a}e^{-i\theta}\right) + \frac{m}{2\pi}\ln\left(\frac{z}{a}e^{-i\theta} - 1\right)$$

$$= -\frac{m}{4\pi}\ln\frac{z}{z_0} + \frac{m}{2\pi}\ln\left(\frac{z-z_0}{z_0}\right)$$

$$= \frac{m}{4\pi}\ln\frac{(z-z_0)^2}{z} + \frac{m}{4\pi}\ln\frac{1}{z_0}$$

$$= \frac{m}{4\pi}\ln\frac{(z-z_0)^2}{z}$$

此题由于强度为 m 的点源恰好在以 a 为半径的圆周上,可以认为,在边界的外侧有强度为 $\frac{m}{2}$ 的点源,在边界的内侧(即反演点)有强度为 $\frac{m}{2}$ 的点源。为了保持圆内流体流量的平衡,在圆心处要放置同样强度为 $\frac{m}{2}$ 的点汇。

5.12 在如习题 5.12 图所示的半无限的平行槽内的左下角,置有一强度为 m 的点源。试求其流动复势及复速度。

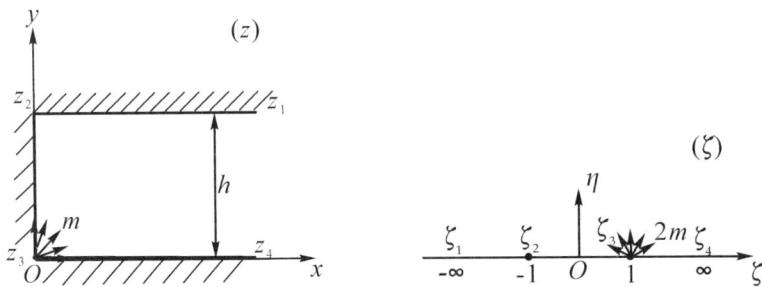

习题 5.12 图

解 应用 S - C 变换,将这一半无限平行槽变换成 ζ 平面的上半平面,取下列点 z_1,z_2,z_3 的相对应的点为:

$$\zeta_1 = -\infty, \quad \zeta_2 = -1, \quad \zeta_3 = 1$$

而另一无限远点 z_4 须对应于 $\zeta_4 = \infty$,由 S - C 变换的性质可知,对应于 ∞ 的项在变换式中将不出现。因此,该变换式为

$$\frac{dz}{d\zeta} = A(\zeta+1)^{-\frac{1}{2}}(\zeta-1)^{-\frac{1}{2}} = \frac{A}{\sqrt{\zeta^2-1}}$$

将其积分后得 $\quad z = A\cosh^{-1}\zeta + B$
为决定积分常数,应用对应点关系:
当 $z_3 = 0$ 时,$\zeta_3 = 1$,将其代入上式,得

$$0 = A\cosh^{-1}1 + B$$

得 $\hspace{10em} B = 0$

当 $\quad z_2 = ih$ 时,有 $\quad \zeta_2 = -1$

$$ih = A\cosh^{-1}(-1)$$

得　$A = \dfrac{h}{\pi}$（由于 $\cosh^{-1}(-1) = i\pi$）

故变换函数为

$$\zeta = \cosh\left(\frac{\pi z}{h}\right) \quad 或\ z = \frac{h}{\pi}\cosh^{-1}\zeta$$

在 ζ 平面上，z_3 的对应点 $\zeta = 1$ 处应有一强度为 $2m$ 的点源（由于 $W(\zeta)$ 是全平面上点源的复势，它只有一半流入上半平面），故在 ζ 平面上的复势

$$W(\zeta) = \frac{2m}{2\pi}\ln(\zeta - 1) = \frac{m}{\pi}\ln(\zeta - 1)$$

将其代回至 z 平面，得

$$W(z) = \frac{m}{\pi}\ln\left(\cosh\frac{\pi z}{h} - 1\right)$$

故复速度

$$\frac{\mathrm{d}W}{\mathrm{d}z} = \frac{m}{\pi}\,\frac{\sinh\dfrac{\pi z}{h}}{\cosh\dfrac{\pi z}{h} - 1}\,\frac{\pi}{h} = \frac{m}{h}\,\frac{\sinh\dfrac{\pi z}{h}}{\cosh\dfrac{\pi z}{h} - 1}$$

5.13　设在习题 5.13 图所示的空气对圆柱有环量绕流中，已知 A 点为驻点。若 $U_0 = 20\,\mathrm{m/s}$，$\alpha = 20°$，圆柱的半径 $r_0 = 25\,\mathrm{cm}$，$f = 10\,\mathrm{cm}$，$l = 10\sqrt{3}\,\mathrm{cm}$。试求：(1)另一驻点 B 及压强最小点的位置；(2)圆柱所受升力大小及方向；(3)绘制大致的流线谱。

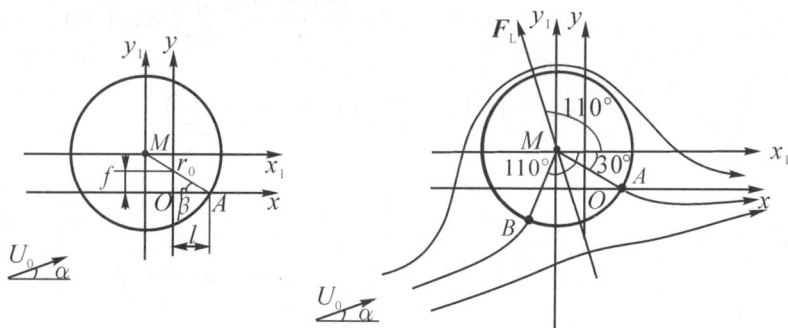

习题 5.13 图

解　作平移变换 $z_1 = z - M$，则圆柱中心位于 z_1 平面上的原点为 M，则绕流复势

$$W(z_1) = U_0 \mathrm{e}^{-i\alpha}\left(z_1 + \frac{r_0^2\,\mathrm{e}^{i2\alpha}}{z_1}\right) + \frac{i\Gamma}{2\pi}\ln z_1$$

$$\frac{\mathrm{d}W}{\mathrm{d}z_1} = U_0 \mathrm{e}^{-i\alpha}\left(1 - \frac{r_0^2\,\mathrm{e}^{i2\alpha}}{z_1^2}\right) + \frac{i\Gamma}{2\pi}\frac{1}{z_1}$$

A 点在 z_1 平面上的坐标为 $z_1 = r_0 e^{-i\beta}$，其中 $\beta = \arctan \dfrac{f}{l}$

据题意

$$\left(\frac{\mathrm{d}W}{\mathrm{d}z_1}\right)_{z_1=A} = U_0 e^{-i\alpha}\left(1 - \frac{r_0^2 \, e^{i2\alpha}}{r_0^2 \, e^{-i2\beta}}\right) + \frac{i\Gamma}{2\pi}\frac{1}{r_0 e^{-i\beta}} = 0$$

因此

$$U_0 e^{-i\alpha}\left[1 - e^{i2(\alpha+\beta)}\right] + \frac{i\Gamma e^{i\beta}}{2\pi r_0} = 0$$

$$\Gamma = 2\pi U_0 r_0\left[e^{-i(\alpha+\beta)} - e^{i(\alpha+\beta)}\right]i$$

$$= 4\pi U_0 r_0\left[\frac{e^{i(\alpha+\beta)} - e^{-i(\alpha+\beta)}}{2i}\right]$$

$$= 4\pi U_0 r_0 \sin(\alpha + \beta)$$

由于

$$\beta = \arctan\frac{f}{l} = \arctan\frac{1}{\sqrt{3}} = 30°$$

故

$$\Gamma = 4\pi \times 20 \times 0.25 \times \sin 50° = 48.11 \ \mathrm{m^2/s}$$

单位长度上的升力

$$F_L = \rho U_0 \Gamma = 1.205 \times 20 \times 48.11$$

$$= 1\,159.5 \ \mathrm{N} \quad \left(\text{方向垂直} U_0, U_0 \text{逆时针方向转过} \frac{\pi}{2}\right)$$

用复数可表示为 $\quad \boldsymbol{F}_L = 1\,159.5 e^{i\left(\frac{\pi}{2}+\alpha\right)}$

将 $W(z_1)$ 改用极坐标表示：

$$W(z_1) = U_0 e^{-i\alpha}\left(re^{i\theta} + \frac{r_0^2 \, e^{2i\alpha}}{re^{i\theta}}\right) + \frac{i\Gamma}{2\pi}\ln re^{i\theta}$$

$$= U_0 re^{i(\theta-\alpha)} + U_0\frac{r_0^2 \, e^{-i(\theta-\alpha)}}{r} + \frac{i\Gamma}{2\pi}(\ln r + i\theta)$$

故

$$\varphi = U_0\left(r + \frac{r_0^2}{r}\right)\cos(\theta - \alpha) - \frac{\Gamma}{2\pi}\theta$$

$$v_r = \frac{\partial\varphi}{\partial r} = U_0\left(1 - \frac{r_0^2}{r^2}\right)\cos(\theta - \alpha)$$

$$v_\theta = \frac{\partial\varphi}{r\partial\theta} = -U_0\left(1 + \frac{r_0^2}{r^2}\right)\sin(\theta - \alpha) - \frac{\Gamma}{2\pi r}$$

在圆柱体表面

$$r = r_0$$

$$v_\theta = -2U_0\sin(\theta - \alpha) - \frac{\Gamma}{2\pi r_0}$$

令 $v_\theta = 0$，得两驻点位置：

$$\sin(\theta - \alpha) = -\frac{\Gamma}{4\pi r_0 U_0} = -\frac{48.11}{4\pi \times 0.25 \times 20} = -0.766$$

则
$$\theta_A = -50° + \alpha = -30°$$

$$\theta_B = -130° + \alpha = -110°$$

$$\frac{\partial v_\theta}{\partial \theta} = -2U_0 \cos(\theta - \alpha) = 0$$

故得圆柱面上速度最大点

$$\theta - \alpha = 90°$$

$$\theta\Big|_{v_{max}} = 90° + 20° = 110°$$

由伯努利方程可知，该点即是压强 p 为最小的点。

流线谱如习题 5.13 图所示。

5.14 两个环量布置如习题 5.14 图所示，(1)写出复势，求出势函数和流函数；(2)证明单位圆 $x^2 + y^2 = 1$ 恰是一条流线；(3)将上述单位圆作为圆柱固壁，求 $x = b$ 处点涡 Γ 对此圆柱体的作用力。

解　(1) $W(z) = \dfrac{\Gamma}{2\pi i} \ln(z - b) - \dfrac{\Gamma}{2\pi i} \ln\left(z - \dfrac{1}{b}\right)$

$$= \frac{\Gamma}{2\pi i} \ln \frac{z - b}{z - \dfrac{1}{b}} = \frac{i\Gamma}{2\pi} \ln \frac{z - \dfrac{1}{b}}{z - b}$$

$$= \frac{i\Gamma}{2\pi} \ln \frac{x - \dfrac{1}{b} + iy}{x - b + iy}$$

$$= \frac{i\Gamma}{2\pi} \ln \frac{\left[\left(x - \dfrac{1}{b}\right) + iy\right]\left[(x - b) - iy\right]}{(x - b)^2 + y^2}$$

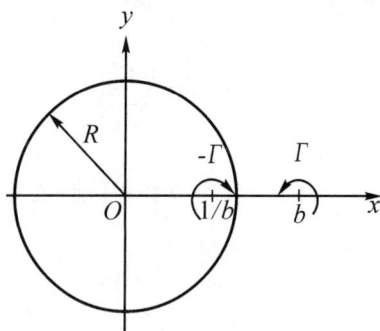

习题 5.14 图

故

$$W(z) = \frac{i\Gamma}{2\pi} \ln \frac{x^2 + y^2 - x\left(b + \dfrac{1}{b}\right) + 1 + iy\left(\dfrac{1}{b} - b\right)}{(x - b)^2 + y^2}$$

$$\varphi = -\frac{\Gamma}{2\pi} \arctan \frac{\left(\dfrac{1}{b} - b\right)y}{x^2 + y^2 - x\left(b + \dfrac{1}{b}\right) + 1}$$

$$\psi = \frac{\Gamma}{2\pi} \ln \frac{\sqrt{\left[x^2 + y^2 - x\left(b + \dfrac{1}{b}\right) + 1\right]^2 + \left[y\left(\dfrac{1}{b} - b\right)\right]^2}}{(x - b)^2 + y^2}$$

(2) 将 $x^2 + y^2 = 1$ 代入流函数 ψ 中，得

$$\psi = \frac{\Gamma}{2\pi} \ln \frac{\sqrt{\left[2 - x\left(b + \dfrac{1}{b}\right)\right]^2 + y^2\left(\dfrac{1}{b} - b\right)^2}}{b^2 - 2bx + 1}$$

$$= \frac{\Gamma}{2\pi} \ln \frac{\sqrt{(b^2 - 2bx + 1)^2}}{b(b^2 - 2bx + 1)} = \frac{\Gamma}{2\pi} \ln \frac{1}{b} = \text{常量}$$

因此证明 $x^2 + y^2 = 1$ 是一条流线。

（3）$\dfrac{\mathrm{d}W}{\mathrm{d}z} = \dfrac{\Gamma}{2\pi \mathrm{i}} \left(\dfrac{1}{z - b} - \dfrac{1}{z - \dfrac{1}{b}} \right)$

由 Blasius 公式

$$\bar{\boldsymbol{F}} = F_x - \mathrm{i}F_y = \oint_{|z|=1} \frac{\mathrm{i}\rho}{2} \left(\frac{\mathrm{d}W}{\mathrm{d}z} \right)^2 \mathrm{d}z$$

$$= \frac{-\mathrm{i}\rho\Gamma^2}{8\pi^2} \oint_{|z|=1} \left(\frac{1}{z - b} - \frac{1}{z - \dfrac{1}{b}} \right)^2 \mathrm{d}z$$

$$= -\frac{\mathrm{i}\rho\Gamma^2}{8\pi^2} \oint_{|z|=1} \left[\frac{1}{(z - b)^2} - \frac{2}{(z - b)\left(z - \dfrac{1}{b}\right)} + \frac{1}{\left(z - \dfrac{1}{b}\right)^2} \right] \mathrm{d}z$$

$$= -\frac{\mathrm{i}\rho\Gamma^2}{8\pi^2} \oint_{|z|=1} \left[\frac{-2}{(z - b)\left(z - \dfrac{1}{b}\right)} \right] \mathrm{d}z$$

由于 $z = b$ 在单位圆之外，故只需计算 $z = \dfrac{1}{b}$ 的留数：

$$\oint_{|z|=1} \frac{2}{(z - b)\left(z - \dfrac{1}{b}\right)} \mathrm{d}z = 4\pi\mathrm{i}\,\mathrm{Res}\,f\left(\frac{1}{b}\right) = \frac{4\pi b \mathrm{i}}{1 - b^2}$$

因此 $$\bar{\boldsymbol{F}} = -\frac{\mathrm{i}\rho\Gamma^2}{8\pi^2}\left(-\frac{4\pi b \mathrm{i}}{1 - b^2} \right) = -\frac{\rho b \Gamma^2}{2\pi(1 - b^2)}$$

即 $$F_x = F_{\mathrm{L}} = -\frac{\rho b \Gamma}{2\pi(1 - b^2)}$$

$$F_y = 0$$

本题另一求解方法如下：由于这两个点涡产生的诱导速度场，使得它们均以 $v = -\dfrac{\Gamma}{2\pi\left(b - \dfrac{1}{b}\right)}$ 的速度向下运动。故由儒可夫斯基定理

$$F_{\mathrm{L}} = \rho U_0 \Gamma = \rho \left[-\frac{\Gamma}{2\pi\left(b - \dfrac{1}{b}\right)} \right] \Gamma = -\frac{\rho b \Gamma^2}{2\pi(1 - b^2)}$$

这里的升力与运动方向垂直。

5.15 在半径为 a 的圆筒内，距中心 b 处有一强度为 Γ 的点涡，试描述该点涡的运动。（见习题 5.15 图）

解 为使圆筒能成为一条流线，故在圆筒外，必须设置一个内部点涡的虚像，其强度为

Γ(转向相反,即顺时针转向)。设其位置距筒内点涡的距离为 h,则由关于圆的反演点的定义,应有

$$b(b+h) = a^2 \quad 或 \quad h = \frac{(a^2-b^2)}{b}$$

圆筒内点涡的运动,将由其筒外虚像所引起,虚像对它的诱导速度为

$$v = \frac{\Gamma}{2\pi h}$$

由于点涡的运动永远平行于壁面,故这时它将绕中心作等速圆周运动,运动的角速度

$$\omega = \frac{v}{b} = \frac{\Gamma}{2\pi(a^2-b^2)}$$

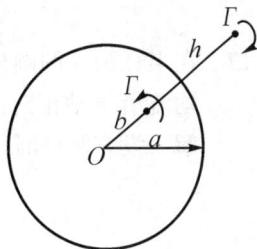

习题 5.15 图

5.16　如习题 5.16 图所示,宽为 l 的无限高容器,在侧壁高为 a 处有一个小孔,流体以流量 Q 自小孔流出,证明复势为 $W(z) = -\dfrac{Q}{\pi}\left(\sin\dfrac{\pi}{l}z - \cosh\dfrac{\pi}{l}a\right)$。

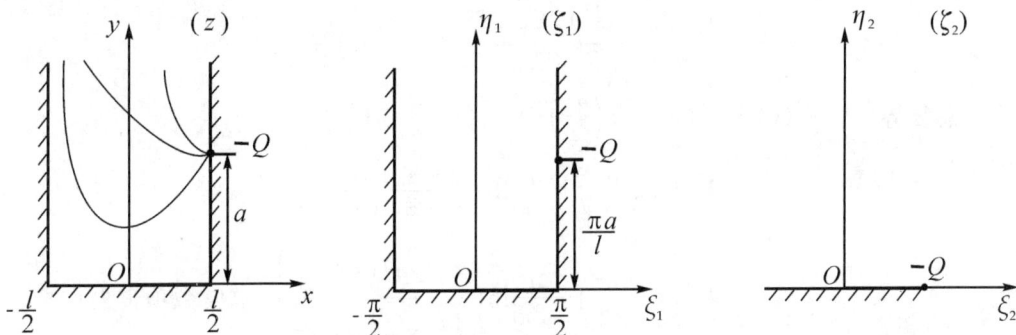

习题 5.16 图

解　变换函数 $\zeta_1 = \dfrac{\pi z}{l}$ 将容器宽度 l 变为 π;变换函数 $\zeta_2 = \sin\zeta_1$ 将 ζ_1 平面上的容器内区域变成 ζ_2 平面上的上半平面(如习题 5.16 图所示),于是

$$\zeta_2 = \sin\zeta_1 = \sin\frac{\pi z}{l}。$$

因此点汇变到 ζ_2 平面的实轴上,在 $\zeta_2 = \sin\left(\dfrac{\pi}{2} + \dfrac{\pi a}{l}\mathrm{i}\right) = \cos\left(\dfrac{\pi a}{l}\mathrm{i}\right)$ 处。

由于存在关系式:

$$\cos(\mathrm{i}x) = \frac{\mathrm{e}^{-x} + \mathrm{e}^{x}}{2} = \cosh x$$

因此 ζ_2 平面上的点汇在实轴上的 $\zeta_2 = \cosh\left(\dfrac{\pi a}{l}\right)$ 处。

根据平面壁镜像原理,则可证明:

$$W(z) = -\frac{2Q}{2\pi}\ln\left[\zeta_2 - \cosh\frac{\pi a}{l}\right]$$

$$= -\frac{Q}{\pi}\ln\left[\sin\frac{\pi z}{l} - \cosh\frac{\pi a}{l}\right]$$

5.17 在半径为 a 的圆柱外,z_0 及 $\bar{z}_0$ 两点处有强度为 Γ 及 $-\Gamma$ 的一对点涡,另有大小为 U_0 的均流沿 x 轴正向流来,试写出这一流动的复势。(见习题 5.17 图)

解 没有圆柱时,均流及两个点涡的复势

$$f(z) = U_0 z + \frac{\Gamma}{2\pi i}\ln\frac{z-z_0}{z-\bar{z}_0}$$

放入圆柱后,由圆定理可得,均流及上述两个点涡对于圆柱的虚像复势为

$$\bar{f}\left(\frac{a^2}{z}\right) = U_0\frac{a^2}{z} - \frac{\Gamma}{2\pi i}\ln\frac{\dfrac{a^2}{z}-\bar{z}_0}{\dfrac{a^2}{z}-z_0}$$

$$= U_0\frac{a^2}{z} - \frac{\Gamma}{2\pi i}\ln\frac{a^2-z\bar{z}_0}{a^2-zz_0}$$

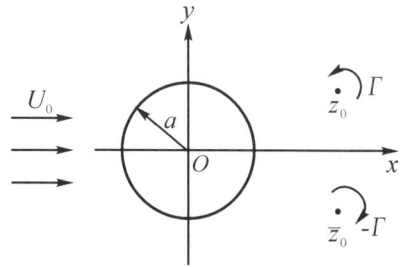

习题 **5.17** 图

总复势 $\qquad W(z) = f(z) + \bar{f}\left(\dfrac{a^2}{z}\right)$

$$= U_0\left(z + \frac{a^2}{z}\right) + \frac{\Gamma}{2\pi i}\ln\frac{(z-z_0)(a^2-zz_0)}{(z-\bar{z}_0)(a^2-z\bar{z}_0)}$$

$$= U_0\left(z + \frac{a^2}{z}\right) + \frac{\Gamma}{2\pi i}\ln\frac{(z-z_0)\left(z-\dfrac{a^2}{z_0}\right)}{(z-\bar{z}_0)\left(z-\dfrac{a^2}{\bar{z}_0}\right)} \qquad (\text{常数项舍去})$$

5.18 设在流场中有一半径为 a 的圆柱,距圆柱中心 $b(b>a)$ 处有一强度为 $K=\dfrac{\Gamma}{2\pi}$ 的点涡。

试证明:(1)该点涡以等角速度 $\omega = \dfrac{Ka^2}{b^2(b^2-a^2)}$ 绕圆柱转动;(2)圆柱表面的流体速度可表示为 $\dfrac{K}{a}\left(1-\dfrac{b^2-a^2}{r^2}\right)$,其中,$r$ 为圆柱表面上所求速度点与点涡之间的距离。(见习题 5.18 图)

解 (1)在 $(b,0)$ 处点涡的复势

$$f(z) = \frac{\Gamma}{2\pi i}\ln(z-b) = \frac{K}{i}\ln(z-b)$$

由于流场中有半径为 a 的圆柱,根据圆定理

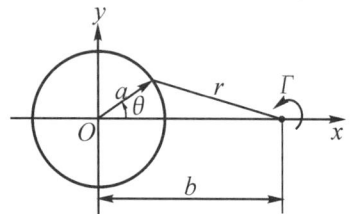

习题 **5.18** 图

$$\bar{f}\left(\frac{a^2}{z}\right) = -\frac{K}{i}\ln\left(\frac{a^2}{z} - b\right)$$

总复势 $\quad W(z) = f(z) + \bar{f}\left(\frac{a^2}{z}\right)$

$$= \frac{K}{i}\ln(z-b) - \frac{K}{i}\ln\left(\frac{a^2}{z} - b\right)$$

$$= \frac{K}{i}\ln\frac{z-b}{\frac{a^2}{z} - b} = \frac{K}{i}\ln\left[\frac{z-b}{\dfrac{-b\left(z - \dfrac{a^2}{b}\right)}{z}}\right]$$

$$= \frac{K}{i}\left[\ln(z-b) - \ln\left(z - \frac{a^2}{b}\right) + \ln z\right]$$

复速度 $\qquad \dfrac{\mathrm{d}W}{\mathrm{d}z} = \dfrac{K}{i}\left(\dfrac{1}{z-b} - \dfrac{1}{z - \dfrac{a^2}{b}} + \dfrac{1}{z}\right)$

由于 b 点处点涡的运动由其在圆柱内的虚像所引起,故其速度

$$\overline{\boldsymbol{V}}_0 = \frac{\mathrm{d}\bar{z}_0}{\mathrm{d}t} = \left(\frac{\mathrm{d}W}{\mathrm{d}z} - \frac{K}{i}\frac{1}{z-b}\right)_{z=b}$$

$$= \frac{K}{i}\left(\frac{1}{z} - \frac{1}{z - \dfrac{a^2}{b}}\right)_{z=b}$$

$$= \frac{K}{i}\left(\frac{1}{b} - \frac{1}{b - \dfrac{a^2}{b}}\right) = i\,\frac{Ka^2}{b(b^2 - a^2)}$$

可见,当该点涡恰好在实轴上时,有

$$u = 0, \quad v = -\frac{Ka^2}{b(b^2 - a^2)}$$

角速度 $\omega = \dfrac{v}{b} = -\dfrac{Ka^2}{b^2(b^2 - a^2)}$（顺时针方向且为常量）

（2）圆柱表面上一点速度:

以 $z = a\mathrm{e}^{i\theta}$ 代入复速度表达式,得

$$\overline{\boldsymbol{V}}_{|z|=a} = \frac{K}{i}\left(\frac{1}{a\mathrm{e}^{i\theta} - b} - \frac{1}{a\mathrm{e}^{i\theta} - \dfrac{a^2}{b}} + \frac{1}{a\mathrm{e}^{i\theta}}\right)$$

$$= \frac{K}{i}\left[\frac{b^2 - a^2}{a\mathrm{e}^{i\theta}(ab\mathrm{e}^{i\theta} - a^2 - b^2 + ab\mathrm{e}^{-i\theta})} + \frac{1}{a}\mathrm{e}^{-i\theta}\right]$$

$$= \frac{K}{i}\left[\frac{b^2 - a^2}{a\mathrm{e}^{i\theta}(2ab\cos\theta - a^2 - b^2)} + \frac{1}{a}\mathrm{e}^{-i\theta}\right]$$

$$= \frac{K}{i}\left[\frac{a^2 - b^2}{a\mathrm{e}^{i\theta}r^2} + \frac{1}{a}\mathrm{e}^{-i\theta}\right]$$

$$= \frac{K}{i}\frac{1}{a}\mathrm{e}^{-i\theta}\left(1 - \frac{b^2 - a^2}{r^2}\right)$$

$$= \frac{K}{\mathrm{i}} \frac{1}{a} \left(1 - \frac{b^2 - a^2}{r^2} \right) (\cos\theta - \mathrm{i}\sin\theta)$$

故在圆柱 $|z| = a$ 处速度为

$$u = -\frac{K}{a} \left(1 - \frac{b^2 - a^2}{r^2} \right) \sin\theta$$

$$v = \frac{K}{a} \left(1 - \frac{b^2 - a^2}{r^2} \right) \cos\theta$$

将其转换成极坐标系中的速度

$$v_r = u\cos\theta + v\sin\theta$$

$$= -\frac{K}{a} \left(1 - \frac{b^2 - a^2}{r^2} \right) \sin\theta\cos\theta + \frac{K}{a} \left(1 - \frac{b^2 - a^2}{r^2} \right) \cos\theta\sin\theta$$

$$= 0$$

$$v_\theta = v\cos\theta - u\sin\theta$$

$$= \frac{K}{a} \left(1 - \frac{b^2 - a^2}{r^2} \right) (\cos^2\theta + \sin^2\theta)$$

$$= \frac{K}{a} \left(1 - \frac{b^2 - a^2}{r^2} \right)$$

由于 $v_r = 0$，即满足 $v_n = 0$，可见圆柱表面为流线。

第6章 水波理论

计算题

6.1 在岸上观察到浮标每分钟升降 15 次,试求波浪的圆频率 ω、波数 k、波长 λ 和波速 c(可视为无限深水波)。

解 浮标升降次数即为频率 $f = \dfrac{15}{60} = 0.25\ \mathrm{s}^{-1}$

圆频率 $$\omega = 2\pi f = 2\pi \times 0.25 = 1.57\ \mathrm{s}^{-1}$$

波数 $$k = \frac{\omega^2}{g} = \frac{1.57^2}{9.81} = 0.251\ \mathrm{m}^{-1}$$

波长 $$\lambda = \frac{2\pi}{k} = \frac{2\pi}{0.251} = 25\ \mathrm{m}$$

波速 $$c = \sqrt{\frac{g}{k}} = \sqrt{\frac{9.81}{0.251}} = 6.25\ \mathrm{m/s}$$

6.2 已知一深水波,周期 $T = 5\ \mathrm{s}$,波高 $H = 1.2\ \mathrm{m}$,试求其波长、波速、波群速以及波能传播量。

解 圆频率 $$\omega = \frac{2\pi}{T} = \frac{2\pi}{5} = 1.26\ \mathrm{s}^{-1}$$

波数 $$k = \frac{\omega^2}{g} = \frac{1.26^2}{9.81} = 0.161\ \mathrm{m}^{-1}$$

波长 $$\lambda = \frac{2\pi}{k} = \frac{2\pi}{0.161} = 39\ \mathrm{m}$$

波速 $$c = \sqrt{\frac{g}{k}} = 7.81\ \mathrm{m/s}$$

波群速 $$c_g = \frac{c}{2} = 3.90\ \mathrm{m/s}$$

波能传播量 $$W = \frac{1}{8}\rho g H^2 c_g$$

$$= \frac{1}{8} \times 1\,000 \times 9.81 \times 1.2^2 \times 3.9$$

$$= 6\,886.6\ \mathrm{Ns}^{-1}$$

6.3 在水深 $d = 10\ \mathrm{m}$ 的水域内有一微幅波,波振幅 $A_0 = 1\ \mathrm{m}$,波数 $k = 0.2\ \mathrm{m}^{-1}$,试求:(1)波长、波速和周期;(2)波面方程;(3) $x_0 = 0$ 及 $z_0 = -5\ \mathrm{m}$ 处水质点的轨迹方程。

解 (1)波长 $$\lambda = \frac{2\pi}{k} = \frac{2\pi}{0.2} = 31.4\ \mathrm{m}$$

$$\frac{d}{\lambda} = \frac{10}{31.4} = 0.318$$

在实用上，由于

$$\frac{1}{20} \leqslant \frac{d}{\lambda} \leqslant \frac{1}{2}$$

故本题属有限深度波。

波速

$$c = \sqrt{\frac{g\lambda}{2\pi} \tanh \frac{2\pi d}{\lambda}}$$

$$= \sqrt{\frac{9.81 \times 31.4}{2 \times 3.14} \tanh \left(\frac{6.28 \times 10}{31.4} \right)}$$

$$= \sqrt{49 \times 0.964} = 6.87 \text{ m/s}$$

周期

$$T = \frac{\lambda}{c} = \frac{31.4}{6.87} = 4.57 \text{ s}$$

（2）波面方程

$$\zeta = A_0 \cos k(x - ct)$$

其中 $A_0 = 1 \text{ m}$, $k = 0.2 \text{ m}^{-1}$, $c = 6.87 \text{ m/s}$

故波面方程 $\zeta = \cos(0.2x - 1.37t)$

（3）在 $x_0 = 0$ 及 $z_0 = -5 \text{ m}$ 处，水质点的轨迹方程为

$$\frac{(x - x_0)^2}{A^2} + \frac{(z - z_0)^2}{B^2} = 1$$

其中

$$A = A_0 \frac{\cosh k(z_0 + d)}{\sinh kd}$$

$$B = A_0 \frac{\sinh k(z_0 + d)}{\sinh kd}$$

在 $z_0 = -5 \text{ m}$ 处，则

$$A = 1 \times \frac{\cosh[0.2 \times (-5 + 10)]}{\sinh(0.2 \times 10)} = \frac{\cosh 1}{\sinh 2} = \frac{1.543}{3.627} = 0.43 \text{ m}$$

$$B = 1 \times \frac{\sinh[0.2 \times (-5 + 10)]}{\sinh(0.2 \times 10)} = \frac{\sinh 1}{\sinh 2} = \frac{1.175}{3.627} = 0.32 \text{ m}$$

故该处水质点轨迹方程为

$$\frac{x^2}{0.43^2} + \frac{(z + 5)^2}{0.32^2} = 1$$

6.4 已知在水深为 $d = 6.2 \text{ m}$ 处的海面上设置的浮标，由于波浪作用每分钟上下升降 12 次，观察波高为 $H = 1.2 \text{ m}$，试求此波浪的波长、水底的流速振幅，以及波动的压强变化振幅。

解 按有限深度波计算：

波速
$$c = \frac{\lambda}{T} = \sqrt{\frac{g\lambda}{2\pi} \tanh \frac{2\pi d}{\lambda}}$$

圆频率
$$\omega = 2\pi f = 2\pi \times \frac{12}{60} = 1.26 \text{ s}^{-1}$$

周期
$$T = \frac{2\pi}{\omega} = \frac{2\pi}{1.26} = 5 \text{ s}$$

$$\lambda = 5\sqrt{\frac{9.81\lambda}{2\pi} \tanh\left(\frac{2\pi \times 6.2}{\lambda}\right)} = 5\sqrt{1.56\lambda \tanh \frac{38.94}{\lambda}}$$

取 $\lambda = 30, 31, 32$，计算上式右边，得

$$\lambda' = 31.75; \ 32.08; \ 32.37$$

从作图法可知，上述超越方程的解为

$$\lambda = 32.6 \text{ m}$$

故波长
$$\lambda = 32.6 \text{ m}$$

波数
$$k = \frac{2\pi}{\lambda} = 0.193 \text{ m}^{-1}$$

波幅
$$A_0 = \frac{1}{2}H = 0.5 \times 1.2 = 0.6 \text{ m}$$

故速度势可写为：$\varphi = \dfrac{A_0 g}{\omega} \dfrac{\cosh k(z+d)}{\cosh kd} \sin(kx - \omega t)$

$$= \frac{0.6 \times 9.81}{1.26} \frac{\cosh\left[0.193(z+6.2)\right]}{\cosh(0.193 \times 6.2)} \sin(0.193x - 1.26t)$$

$$= 2.587\cosh\left[0.193(z+6.2)\right]\sin(0.193x - 1.26t)$$

水底流速　$u = \dfrac{\partial \varphi}{\partial x}\bigg|_{z=-6.2}$

$$= 2.587 \times 0.193\cosh\left[0.193(-6.2+6.2)\right]\cos(0.193x - 1.26t)$$

$$= 0.5\cos(0.193x - 1.26t)$$

水底流速振幅

$$u_A = 0.5 \text{ m/s}$$

压强分布应用略去高阶项的拉格朗日积分式：

$$p_{ab} - p_a = -\gamma z - \rho \frac{\partial \varphi}{\partial t}$$

$$p = -\gamma z - \rho \frac{\partial \varphi}{\partial t}$$

由于 $\rho \dfrac{\partial \varphi}{\partial t} = -\rho \times 2.587 \times (-1.26)\cosh\left[0.193(z+6.2)\right]\cos(0.193x - 1.26t)$

$$= -3\,342\cosh\left[0.193(z+6.2)\right]\cos(0.193x - 1.26t)$$

实际上，$\rho \dfrac{\partial \varphi}{\partial t}$ 的变化振幅即为压强 p 的变化振幅，故压强变化振幅

$$p_A = 3\,342\cosh\left[0.193(-6.2+6.2)\right]$$
$$= 3\,342\ \text{Pa}$$

6.5 设二维有限深度波动速度势为

$$\varphi = \frac{A_0 g}{\omega}\frac{\cosh k(z+d)}{\cosh kd}\sin(kx-\omega t)$$

求此相应流函数及复势表达式。

解 流函数可通过速度势 φ，利用柯西-黎曼条件求得。

由
$$\frac{\partial\varphi}{\partial x}=\frac{\partial\psi}{\partial z},\ \varphi=\frac{A_0 g}{\omega}\frac{\cosh k(z+d)}{\cosh kd}\sin(kx-\omega t)$$

得
$$\frac{\partial\psi}{\partial z}=\frac{A_0 gk}{\omega}\frac{\cosh k(z+d)}{\cosh kd}\cos(kx-\omega t)$$

故
$$\psi=\frac{A_0 g}{\omega}\frac{\sinh k(z+d)}{\cosh kd}\cos(kx-\omega t)+f(x,t)$$

由
$$\frac{\partial\varphi}{\partial z}=-\frac{\partial\psi}{\partial x}=\frac{A_0 gk}{\omega}\frac{\sinh k(z+d)}{\cosh kd}\sin(kx-\omega t)$$

而
$$-\frac{\partial\psi}{\partial x}=\frac{A_0 gk}{\omega}\frac{\sinh k(z+d)}{\cosh kd}\sin(kx-\omega t)+\frac{\partial f}{\partial x}$$

故
$$\frac{\partial f}{\partial x}=0$$
$$f=f(t)$$

得
$$\psi=\frac{A_0 g}{\omega}\frac{\sinh k(z+d)}{\cosh kd}\cos(kx-\omega t)$$

应用公式
$$c^2=\frac{g}{k}\tanh kd=\frac{g}{k}\frac{\sinh kd}{\cosh kd}\ \text{及}\ \omega=kc$$

故
$$\frac{A_0 g}{\omega}\frac{1}{\cosh kd}=A_0 c\frac{1}{\sinh kd}$$

得
$$\psi=A_0 c\frac{\sinh k(z+d)}{\sinh kd}\cos(kx-\omega t)$$

复势表达式为

$$W=\varphi+\mathrm{i}\psi$$

而
$$\varphi=\frac{A_0 g}{\omega}\frac{\cosh k(z+d)}{\cosh kd}\sin(kx-\omega t)$$
$$=A_0 c\frac{\cosh k(z+d)}{\cosh kd}\sin(kx-\omega t)$$

故
$$W(Z)=\frac{A_0 c}{\sinh kd}\{\cosh k(z+d)\sin(kx-\omega t)+\mathrm{i}\sinh k(z+d)\cos(kx-\omega t)\}$$
$$=\frac{A_0 c}{\sinh kd}\left\{\cosh k(z+d)\sin(kx-\omega t)+\cos(kx-\omega t)\frac{\sinh k(z+d)}{-\mathrm{i}}\right\}$$
$$=\frac{A_0 c}{\sinh kd}\{\cos[\mathrm{i}k(z+d)]\sin(kx-\omega t)+\cos(kx-\omega t)\sin[\mathrm{i}k(z+d)]\}$$

$$= \frac{A_0 c}{\sinh kd} \sin \left[(kx - \omega t) + ik(z + d) \right]$$

$$= \frac{A_0 c}{\sinh kd} \sin \left[k(x + iz + id) - \omega t \right]$$

$$= \frac{A_0 c}{\sinh kd} \sin \left[k(Z + id) - \omega t \right]$$

上式中 $\qquad\qquad Z = x + iz \quad (Z$ 为复函数$)$

6.6 设有两层流体,下层流体(密度为 ρ)无限深,上层流体(密度为 ρ')深度为 d',并且有自由表面,在两层流体的分界面和上表面同时有重力波传播,试求圆频率 ω 与波长 λ 的关系。

解 如习题 6.6 图所示,将坐标平面取在两层流体的分界面上,z 轴垂直向上,则下层流体无限深水波的速度势为

$$\varphi = Ae^{kz} \cos(kx - \omega t) \qquad (a)$$

对于上层流体,可从 Laplace 方程的通解,将速度势 φ' 写成:

$$\varphi' = (Ce^{kz} + De^{-kz}) \cos(kx - \omega t) \qquad (b)$$

在分界面上,即 $z = 0$,这两种流体在 z 方向速度相等:

$$\frac{\partial \varphi}{\partial z} = \frac{\partial \varphi'}{\partial z}$$

故 $\qquad Ak\,e^{kz} \cos(kx - \omega t) = (Ck\,e^{kz} - Dk\,e^{-kz}) \cos(kx - \omega t)$

$$Ae^{kz} = Ce^{kz} - De^{kz} \mid_{z=0}$$

因而得 $\qquad\qquad A = C - D$

其次,由分界面上压强连续条件:

$$\rho' g \zeta + \rho' \frac{\partial \varphi'}{\partial t} = \rho g \zeta + \rho \frac{\partial \varphi}{\partial t}$$

得 $\qquad\qquad \zeta = \frac{1}{g(\rho - \rho')} \left(\rho' \frac{\partial \varphi'}{\partial t} - \rho \frac{\partial \varphi}{\partial t} \right)$

由于对微幅波 $\qquad\qquad \frac{\partial \varphi}{\partial z} = \frac{\partial \zeta}{\partial t}$

故 $\qquad\qquad g(\rho - \rho') \frac{\partial \varphi}{\partial z} = \rho' \frac{\partial^2 \varphi'}{\partial t^2} - \rho \frac{\partial^2 \varphi}{\partial t^2}$

将 (a),(b) 两式求导后代入上式,得

$$g(\rho - \rho') Ak\,e^{kz} \cos(kx - \omega t)$$
$$= \rho'(Ce^{kz} + De^{-kz})(-\omega^2) \cos(kx - \omega t) - \rho A e^{kz} (-\omega^2) \cos(kx - \omega t)$$
$$g(\rho - \rho') Ak\,e^{kz} = \rho A \omega^2 e^{kz} - \rho' \omega^2 (Ce^{kz} + De^{-kz}) \mid_{z=0}$$

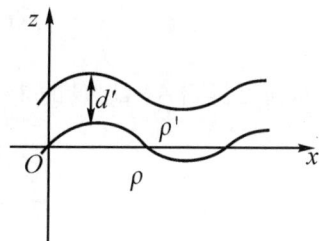

$$g(\rho - \rho')Ak = \rho A\omega^2 - \rho'(C+D)\omega^2 = \omega^2[\rho A - \rho'(C+D)]$$

又由于在自由表面 $z = d'$ 有下式：

$$\frac{\partial \varphi'}{\partial z} + \frac{1}{g}\frac{\partial^2 \varphi'}{\partial t^2} = 0$$

即

$$(Ck\,e^{kz} - Dk\,e^{-kz})\cos(kx - \omega t) + \frac{1}{g}(-\omega^2)(Ce^{kz} + De^{-kz})\cos(kx - \omega t) = 0$$

将 $z = d'$ 代入上式，得

$$k(Ce^{kd'} - De^{-kd'}) = \frac{\omega^2}{g}(Ce^{kd'} + De^{-kd'})$$

从而可得到 A，C，D 的 3 个方程，即

$$\begin{cases} A = C - D \\ \omega^2[\rho A - \rho'(C+D)] = g(\rho - \rho')Ak \\ \omega^2(Ce^{kd'} + De^{-kd'}) = gk(Ce^{kd'} - De^{-kd'}) \end{cases}$$

或

$$\begin{cases} A - C + D = 0 \\ -[gk(\rho - \rho') - \rho\omega^2]A - \rho'\omega^2 C - \rho'\omega^2 D = 0 \\ (\omega^2 - gk)e^{kd'}C + (\omega^2 + gk)e^{-kd'}D = 0 \end{cases}$$

上述方程为齐次方程组，只有满足

$$\begin{vmatrix} 1 & -1 & 1 \\ \rho\omega^2 - gk(\rho - \rho') & -\rho'\omega^2 & -\rho'\omega^2 \\ 0 & (\omega^2 - gk)e^{kd'} & (\omega^2 + gk)e^{-kd'} \end{vmatrix} = 0$$

才有非零解。

展开上述行列式并整理，得

$$[(\rho - \rho')e^{-kd'} + (\rho + \rho')e^{kd'}]\omega^4 - 2gk(\rho e^{kd'})\omega^2 + g^2k^2(\rho - \rho')(e^{kd'} - e^{-kd'}) = 0$$

故解得
$$\omega^2 = gk$$

$$\omega^2 = gk\,\frac{(\rho - \rho')(1 - e^{-2kd'})}{(\rho + \rho') + (\rho - \rho')e^{-2kd'}}$$

第 7 章　黏性流体动力学

选择题

7.1 速度 v、长度 l、重力加速度 g 的无量纲集合是：(a) $\dfrac{lv}{g}$；(b) $\dfrac{v}{gl}$；(c) $\dfrac{l}{gv}$；(d) $\dfrac{v^2}{gl}$。

　　解　(d)。 (d)

7.2 速度 v、密度 ρ、压强 p 的无量纲集合是：(a) $\dfrac{\rho p}{v}$；(b) $\dfrac{\rho v}{p}$；(c) $\dfrac{pv^2}{\rho}$；(d) $\dfrac{p}{\rho v^2}$。

　　解　(d)。 (d)

7.3 速度 v、长度 l、时间 t 的无量纲集合是：(a) $\dfrac{v}{lt}$；(b) $\dfrac{t}{vl}$；(c) $\dfrac{l}{vt^2}$；(d) $\dfrac{l}{vt}$。

　　解　(d)。 (d)

7.4 压强差 Δp、密度 ρ、长度 l、流量 Q 的无量纲集合是：(a) $\dfrac{\rho Q}{\Delta p l^2}$；(b) $\dfrac{\rho l}{\Delta p Q^2}$；(c) $\dfrac{\Delta p l Q}{\rho}$；

(d) $\sqrt{\dfrac{\rho}{\Delta p}}\dfrac{Q}{l^2}$。

　　解　(d)。 (d)

7.5 进行水力模型实验,要实现有压管流的动力相似,应选的相似准则是：(a)雷诺准则；(b)弗劳德准则；(c)欧拉准则；(d)其他。

　　解　对于有压管流进行水力模型实验,主要是黏性力相似,因此取雷诺数相等。 (a)

7.6 雷诺数的物理意义表示：(a)黏性力与重力之比；(b)重力与惯性力之比；(c)惯性力与黏性力之比；(d)压力与黏性力之比。

　　解　雷诺数的物理定义是惯性力与黏性力之比。 (c)

7.7 压力输水管模型实验,长度比尺为 8,模型水管的流量应为原型输水管流量的：(a)1/2；(b)1/4；(c)1/8；(d)1/16。

　　解　压力输水管模型实验取雷诺数相等,即

$$\frac{v_{p}d_{p}}{\nu_{p}} = \frac{v_{m}d_{m}}{\nu_{m}}。$$

若 $\nu_p = \nu_m$，则

$$\frac{v_p}{v_m} = \frac{d_m}{d_p} = \lambda_l^{-1}$$

而 $\dfrac{Q_m}{Q_p} = \dfrac{v_m d_m^2}{v_p d_p^2} = \lambda_l \lambda_l^{-2} = \dfrac{1}{\lambda_l} = \dfrac{1}{8}$ (c)

7.8 判断层流或湍流的无量纲量是：(a)弗劳德数 Fr；(b)雷诺数 Re；(c)欧拉数 Eu；(d)斯特劳哈尔数 Sr。

    解 判断层流和湍流的无量纲数为雷诺数，当 $Re < 2\,300$ 为层流，否则为湍流。   (b)

7.9 在安排水池中的船舶阻力试验时，首先考虑要满足的相似准则是：(a)雷诺数 Re；(b)弗劳德数 Fr；(c)斯特劳哈尔数 Sr；(d)欧拉数 Eu。

    解 在安排船模阻力试验时，理论上要满足雷诺准则和弗劳德准则，但同时使 Re 和 Fr 分别相等是很难实现的，而且要使 Re 相等在试验条件下是有难度的，因此一般是取实船和船模的弗劳德数相等。   (b)

7.10 弗劳德数 Fr 代表的是_____之比：(a)惯性力与压力；(b)惯性力与重力；(c)惯性力与表面张力；(d)惯性力与黏性力。

    解 (b)。   (b)

7.11 在安排管道阀门阻力试验时，首先考虑要满足的相似准则是：(a)雷诺数 Re；(b)弗劳德数 Fr；(c)斯特劳哈尔数 Sr；(d)欧拉数 Eu。

    解 由于管道阀门阻力试验是黏性阻力，因此应满足雷诺数 Re 相等。   (a)

7.12 欧拉数 Eu 代表的是_____之比：(a)惯性力与压力；(b)惯性力与重力；(c)惯性力与表面张力；(d)惯性力与黏性力。

    解 (a)。   (a)

计算题

7.13 假设自由落体的下落距离 s 与落体的质量 m、重力加速度 g 及下落时间 t 有关，试用瑞利法导出自由落体下落距离的关系式。

    解 设自由落体的下落距离

$$s = km^a g^b t^c$$

    其中 m——落体质量；

             g——重力加速度；

             t——下落时间；

             k——常量。

根据量纲式　$\dim s = \dim (m^a g^b t^c)$

以基本量纲(M，L，T)表示各物理量量纲：

$$L = M^a (LT^{-2})^b T^c$$

根据量纲齐次原理,得

$$M: \quad a = 0$$
$$L: \quad b = 1$$
$$T: \quad -2b + c = 0$$

解得

$$a = 0,\ b = 1,\ c = 2$$

整理得

$$s = kgt^2$$

7.14 已知文丘里流量计喉管流速 V 与流量计压强差 Δp、主管直径 d_1、喉管直径 d_2,以及流体的密度 ρ 和运动黏度 ν 有关,试用 π 定理证明流速关系式为

$$V = \sqrt{\frac{\Delta p}{\rho}} f\left(Re, \frac{d_2}{d_1}\right)$$

解　设　　　　　$V = f(\Delta p, d_1, d_2, \rho, \nu)$

其中　V——文丘里流量计喉管流速;

　　　Δp——流量计压强差;

　　　d_1——主管直径;

　　　d_2——喉管直径;

　　　ρ——流体密度;

　　　ν——运动黏度。

选取 V, ρ, d_1 为 3 个基本量,则其余 $6 - 3 = 3$ 个物理量可表达成:

$$\frac{\Delta p}{V^{x_1} \rho^{y_1} d_1^{z_1}} = \pi_1$$

$$\frac{d_2}{d_1} = \pi_2$$

$$\frac{\nu}{V^{x_2} \rho^{y_2} d_2^{z_2}} = \pi_3$$

对于 π_1：　$\dim \Delta p = \dim(V^{x_1} \rho^{y_1} d_1^{z_1})$

　　　$ML^{-1}T^{-2} = (LT^{-1})^{x_1} (ML^{-3})^{y_1} L^{z_1}$

　　M：　　$1 = y_1$

　　L：　　$-1 = x_1 - 3y_1 + z_1$

　　T：　　$-2 = -x_1$

得　　　　　　　　$x_1 = 2,\ y_1 = 1,\ z_1 = 0,$

$$\pi_1 = \frac{\Delta p}{V^2 \rho}$$

对于 π_3：$\dim \nu = \dim(V^{x_2} \rho^{y_2} d_1^{z_2})$

$$L^2 T^{-1} = (LT^{-1})^{x_2} (ML^{-3})^{y_2} L^{z_2}$$

M：$\qquad 0 = y_2$

L：$\qquad 2 = x_2 - 3y_2 + z_2$

T：$\qquad -1 = -x_2$

得
$$x_2 = 1，y_2 = 0，z_2 = 1，$$

$$\pi_3 = \frac{\nu}{V d_1}$$

$$\pi_1 = \varphi(\pi_2，\pi_3)$$

即
$$\frac{\Delta p}{V^2 \rho} = \varphi\left(\frac{d_2}{d_1}，\frac{V d_1}{\nu}\right)$$

或
$$V = \sqrt{\frac{\Delta p}{\rho}} \varphi\left(Re，\frac{d_2}{d_1}\right)$$

7.15 球形固体颗粒在流体中的自由沉降速度 v 与颗粒直径 d、密度 ρ_m，以及流体的密度 ρ、黏度 μ、重力加速度 g 有关，试用 π 定理证明自由沉降速度关系式为

$$v = f\left(\frac{\rho_\mathrm{m}}{\rho}，\frac{\rho v d}{\mu}\right) \sqrt{g d}$$

解　设
$$v = f(d，\rho_\mathrm{m}，\rho，\mu，g)$$

其中　v——固体颗粒在流体中的自由沉降速度；

$\qquad d$——颗粒直径；

$\qquad \rho_\mathrm{m}$——颗粒密度；

$\qquad \rho$——流体密度；

$\qquad \mu$——黏度；

$\qquad g$——重力加速度。

选取 $v，\rho，d$ 为 3 个基本量，则其余 $6 - 3 = 3$ 个物理量可表达成：

$$\frac{\rho_\mathrm{m}}{\rho} = \pi_1$$

$$\frac{\mu}{v^{x_1} \rho^{y_1} d^{z_1}} = \pi_2$$

$$\frac{g}{v^{x_2} \rho^{y_2} d^{z_2}} = \pi_3$$

对于 π_2：$\quad \dim \mu = \dim(v^{x_1} \rho^{y_1} d^{z_1})$

$$ML^{-1} T^{-1} = (LT^{-1})^{x_1} (ML^{-3})^{y_1} L^{z_1}$$

M：$\qquad 1 = y_1$

L：$\qquad -1 = x_1 - 3y_1 + z_1$

T：$\qquad -1 = -x_1$

得
$$x_1 = 1，y_1 = 1，z_1 = 1$$

$$\pi_2 = \frac{\mu}{v\rho d}$$

对于π_3：$\dim g = \dim(v^{x_2} \rho^{y_2} d^{z_2})$

$$LT^{-2} = (LT^{-1})^{x_2}(ML^{-3})^{y_2}L^{z_2}$$

M： $0 = y_2$

L： $1 = x_2 - 3y_2 + z_2$

T： $-2 = -x_2$

得

$$x_2 = 2, \; y_2 = 0, \; z_2 = -1$$

$$\pi_3 = \frac{gd}{v^2}$$

$$\pi_3 = f(\pi_1, \pi_2)$$

即

$$\frac{gd}{v^2} = f\left(\frac{\rho_m}{\rho}, \frac{\mu}{v\rho d}\right)$$

或

$$v = f\left(\frac{\rho_m}{\rho}, \frac{v\rho d}{\mu}\right)\sqrt{gd}$$

7.16 一储水箱通过一直径为 d 的底部小孔排水。设排放时间 t 与液面高度 h、重力加速度 g、流体密度 ρ、黏度 μ 等参数有关，试用 π 定理求解：

(1) 取 h，g，ρ 为基本量，求包含时间的无量纲量 π_1；

(2) 取 d，g，ρ 为基本量，求包含黏度的无量纲量 π_2。

解 (1) 设 $t = f(h, d, g, \rho, \mu)$

取 h，g，ρ 为基本量，则

$$\frac{t}{h^{x_1} g^{y_1} \rho^{z_1}} = \pi_1$$

对于π_1：$\dim t = \dim(h^{x_1} g^{y_1} \rho^{z_1})$

$$T = L^{x_1}(LT^{-2})^{y_1}(ML^{-3})^{z_1}$$

M： $0 = z_1$

L： $0 = x_1 + y_1 - 3z_1$

T： $1 = -2y_1$

得

$$x_1 = \frac{1}{2}, \; y_1 = -\frac{1}{2}, \; z_1 = 0$$

$$\pi_1 = \frac{t}{\sqrt{\dfrac{h}{g}}} = t\sqrt{\frac{g}{h}}$$

(2) 取 d，g，ρ 为基本量，则

$$\frac{\mu}{d^{x_2} g^{y_2} \rho^{z_2}} = \pi_2$$

对于π_2：$\dim \mu = \dim(d^{x_2} g^{y_2} \rho^{z_2})$

$$ML^{-1}T^{-1} = L^{x_2}(LT^{-2})^{y_2}(ML^{-3})^{z_2}$$

M： $1 = z_2$

L： $-1 = x_2 + y_2 - 3z_2$

T： $-1 = -2y_2$

得
$$x_2 = \frac{3}{2},\ y_2 = \frac{1}{2},\ z_2 = 1$$

$$\pi_2 = \frac{\mu}{\rho d^{\frac{3}{2}}\sqrt{g}}$$

7.17 设网球在空气中飞行时,所受转动力矩 M 与网球的直径 d、飞行速度 v、旋转角速度 ω、空气的密度 ρ 和黏度 μ 等因素有关,试用量纲分析方法推导力矩与这些参数的 π 关系式(取 ρ, v, d 为基本量)。

解 设 $M = f(d,\ v,\ \omega,\ \rho,\ \mu)$

取 ρ, v, d 为基本量,则

$$\frac{\omega}{\rho^{x_1}v^{y_1}d^{z_1}} = \pi_1$$

$$\frac{\mu}{\rho^{x_2}v^{y_2}d^{z_2}} = \pi_2$$

$$\frac{M}{\rho^{x}v^{y}d^{z}} = \pi$$

对于 π_1： $T^{-1} = (ML^{-3})^{x_1}(LT^{-1})^{y_1}L^{z_1}$

M： $0 = x_1$

L： $0 = -3x_1 + y_1 + z_1$

T： $-1 = -y_1$

得
$$x_1 = 0,\ y_1 = 1,\ z_1 = -1$$

$$\pi_1 = \frac{\omega d}{v}$$

对于 π_2： $ML^{-1}T^{-1} = (ML^{-3})^{x_2}(LT^{-1})^{y_2}L^{z_2}$

M： $1 = x_2$

L： $-1 = -3x_2 + y_2 + z_2$

T： $-1 = -y_2$

得
$$x_2 = 1,\ y_2 = 1,\ z_2 = 1$$

$$\pi_2 = \frac{\mu}{\rho v d}$$

对于 π： $ML^{2}T^{-2} = (ML^{-3})^{x}(LT^{-1})^{y}L^{z}$

M： $1 = x$

L： $2 = -3x + y + z$

T：　　　$-2=-y$

得
$$x = 1,\ y = 2,\ z = 3$$

$$\pi = \frac{M}{\rho v^2 d^3}$$

由 $\pi = f(\pi_1,\ \pi_2)$

得
$$\frac{M}{\rho v^2 d^3} = f\left(\frac{\omega d}{v},\ \frac{\mu}{\rho v d}\right)$$

或
$$M = \rho v^2 d^3 f\left(\frac{\omega d}{v},\ \frac{\mu}{\rho v d}\right)$$

7.18 如习题 7.18 图所示，圆形孔口出流的流速 V 与作用水头 H、孔口直径 d、水的密度 ρ、黏度 μ、重力加速度 g 有关，试用 π 定理推导孔口流量公式。

解 设 $V = f(H,\ d,\ \rho,\ \mu,\ g)$

其中　V——孔口出流速度；

　　　　H——作用水头；

　　　　d——孔口直径；

　　　　ρ——水的密度；

　　　　μ——黏度；

　　　　g——重力加速度。

选取 V，ρ，H 为 3 个基本量，其余 3 个物理量可表达成：

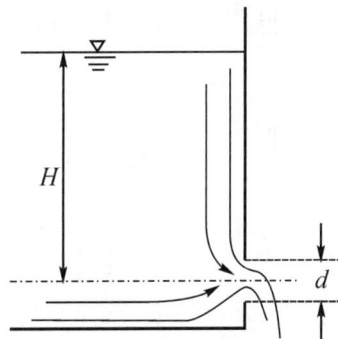

习题 7.18 图

$$\frac{d}{H} = \pi_1$$

$$\frac{\mu}{V^{x_1} \rho^{y_1} H^{z_1}} = \pi_2$$

$$\frac{g}{V^{x_2} \rho^{y_2} H^{z_2}} = \pi_3$$

解得
$$x_1 = 1,\ y_1 = 1,\ z_1 = 1,$$

$$\pi_2 = \frac{\mu}{V \rho H}$$

又解得
$$x_2 = 2,\ y_2 = 0,\ z_2 = -1,$$

$$\pi_3 = \frac{gH}{V^2}$$

$$\pi_3 = f(\pi_1,\ \pi_2)$$

即
$$\frac{gH}{V^2} = f\left(\frac{d}{H},\ \frac{V \rho H}{\mu}\right)$$

或
$$V = \sqrt{gH} f\left(\frac{d}{H},\ \frac{V \rho H}{\mu}\right)$$

$$Q = \frac{\pi}{4}d^2 V = \frac{\pi}{4}d^2\sqrt{gH}f\left(\frac{d}{H}, \frac{V\rho H}{\mu}\right)$$

7.19 单摆在黏性流体中摆动时,其周期 T 与摆长 l、重力加速度 g、流体密度 ρ,以及黏度 μ 有关,试用 π 定理确定单摆周期 T 与有关量的函数关系。

解 设 $T = f(l, g, \rho, \mu)$

选取 ρ, g, l 为基本量,则

$$\frac{\mu}{\rho^{x_1}g^{y_1}l^{z_1}} = \pi_1$$

$$\frac{T}{\rho^x g^y l^z} = \pi$$

对于 π_1:

得

$$x_1 = 1, \ y_1 = \frac{1}{2}, \ z_1 = \frac{3}{2}$$

对于 π:

得

$$x = 0, \ y = -\frac{1}{2}, \ z = \frac{1}{2}$$

故

$$\pi = f(\pi_1)$$

为

$$\frac{T}{\sqrt{\dfrac{l}{g}}} = f\left(\frac{\mu}{\rho l\sqrt{gl}}\right)$$

单摆周期

$$T = \sqrt{\frac{l}{g}}f\left(\frac{\mu}{\rho l\sqrt{gl}}\right)$$

7.20 假定影响孔口溢流流量 Q 的因素有孔口尺寸 a、孔口内外压强差 Δp、液体的密度 ρ、液体的黏度 μ。又假定容器甚大,其他边界条件的影响可忽略不计,试用 π 定理确定孔口流量公式的正确形式。

解 设 $Q = f(a, \Delta p, \rho, \mu)$

选取 Q, a, ρ 为基本量,则

$$\frac{\Delta p}{Q^{x_1}a^{y_1}\rho^{z_1}} = \pi_1$$

$$\frac{\mu}{Q^{x_2}a^{y_2}\rho^{z_2}} = \pi_2$$

对于 π_1:

得

$$x_1 = 2, \ y_1 = -4, \ z_1 = 1$$

$$\pi_1 = \frac{\Delta p}{Q^2 a^{-4}\rho}$$

对于 π_2:

得

$$x_2 = 1, \ y_2 = -1, \ z_2 = 1$$

$$\pi_2 = \frac{\mu}{Q a^{-1} \rho}$$

由于 $\pi_2 = \dfrac{\nu}{L^3 T^{-1} L^{-1}} = \dfrac{\nu}{L T^{-1} L} = \dfrac{\nu}{VL} = \dfrac{1}{Re}$

故 $\pi_1 = f(\pi_2)$

即 $\dfrac{\Delta p}{Q^2 a^{-4} \rho} = f(Re)$

得

$$Q = a^2 \sqrt{\frac{1}{f(Re)}} \sqrt{\frac{\Delta p}{\rho}}$$

$$= a^2 \sqrt{\frac{1}{2f(Re)}} \sqrt{2g \frac{\Delta p}{\gamma}}$$

令 $\sqrt{\dfrac{1}{2f(Re)}} = k,\ \dfrac{\Delta p}{\gamma} = H$

则流量公式为

$$Q = k\sqrt{2gH}a^2$$

7.21 为研究风对高层建筑物的影响,在风洞中进行模型实验。当风速为 9 m/s 时,测得迎风面压强为 42 Pa,背风面压强为 -20 Pa,试求:当温度不变,风速增至 12 m/s 时,迎风面和背风面的压强。

解 本题在风洞中进行模型实验,由于是测试风压应取欧拉数相等,即

$$\frac{p_1}{\rho v_1^2} = \frac{p_2}{\rho v_2^2}$$

现 $p_1 = 42\ \text{Pa}$

$$v_1 = 9\ \text{m/s}$$

$$v_2 = 12\ \text{m/s}$$

则 $p_2(迎风面) = p_1 \left(\dfrac{v_2}{v_1}\right)^2 = 42 \times \left(\dfrac{12}{9}\right)^2 = 74.67\ \text{Pa}$

$$p_2(背风面) = -20 \times \left(\frac{12}{9}\right)^2 = -35.56\ \text{Pa}$$

7.22 有一储水池放水模型实验,已知模型长度比尺为 225,开闸后 10 min,水全部放空,试求放空储水池所需的时间。

解 方法(1):

本题属重力相似,取相似准则为 Fr 相等,即

$$\frac{V_\text{p}}{\sqrt{gH_\text{p}}} = \frac{V_\text{m}}{\sqrt{gH_\text{m}}}$$

得 $\dfrac{V_\text{p}}{V_\text{m}} = \sqrt{\dfrac{H_\text{p}}{H_\text{m}}} = \sqrt{\lambda_l}$

另外,由于本流动属于非恒定流,因此取斯特劳哈尔数 Sr 相等,即

$$\frac{f_p H_p}{V_p} = \frac{f_m H_m}{V_m} = Sr$$

式中　H——特征尺度;

　　　V——速度;

　　　f——频率。

如以周期表示,则

$$\frac{f_p}{f_m} = \frac{T_m}{T_p} = \frac{V_p}{V_m}\frac{H_m}{H_p} = \sqrt{\lambda_l}\frac{1}{\lambda_l} = \frac{1}{\sqrt{\lambda_l}}$$

故　　　　　　　$T_p = T_m\sqrt{\lambda_l} = 10 \times \sqrt{225} = 150 \text{ min}$

方法(2):

由 Fr 相等,得

$$\frac{V_p}{V_m} = \sqrt{\frac{H_p}{H_m}} = \sqrt{\lambda_l}$$

排水流体容积　　　　　　　　$\Delta = Qt$

而　　　　　　　　　　　　　$Q = VA$

因此　　　$\frac{\Delta_p}{\Delta_m} = \frac{Q_p t_p}{Q_m t_m} = \frac{V_p A_p t_p}{V_m A_m t_m} = \sqrt{\lambda_l}\lambda_l^2\frac{t_p}{t_m} = \lambda_l^3$

$$\frac{t_p}{t_m} = \sqrt{\lambda_l}$$

故　　　　　　　$t_p = t_m\sqrt{\lambda_l} = 10 \times \sqrt{225} = 150 \text{ min}$

即放空储水池时间需要 150 min。

7.23　有一防浪堤模型实验,长度比尺为 40,测得浪压力为 130 N,试求作用在原型防浪堤上的浪压力。

解　防浪堤模型实验取相似准数 Fr 相等,即

$$\frac{v_p}{\sqrt{gl_p}} = \frac{v_m}{\sqrt{gl_m}}$$

得　　　　　　　　　$\frac{v_p}{v_m} = \sqrt{\frac{l_p}{l_m}} = \sqrt{\lambda_l}$

由于浪压力之比为

$$\frac{F_p}{F_m} = \frac{p_p A_p}{p_m A_m} = \frac{p_p}{p_m}\lambda_l^2$$

取相似准数 Eu 相等,即

$$\frac{p_p}{\rho v_p^2} = \frac{p_m}{\rho v_m^2}$$

得 $$\frac{p_{\mathrm{p}}}{p_{\mathrm{m}}} = \left(\frac{v_{\mathrm{p}}}{v_{\mathrm{m}}}\right)^2 = \lambda_l$$

故 $$F_{\mathrm{p}} = F_{\mathrm{m}}\lambda_l\lambda_l^2 = 130 \times 40^3 = 8\,320 \text{ kN}$$

7.24 如习题 7.24 图所示的溢流坝泄流实验,模型长度比尺为 60,溢流坝的泄流量为 500 m³/s。试求:(1)模型的泄流量;(2)模型的堰上水头 $H_{\mathrm{m}} = 6$ cm,原型对应的堰上水头是多少?

解 (1)溢流坝泄流实验取相似准数 Fr 相等,即

$$\frac{V_{\mathrm{p}}}{\sqrt{gH_{\mathrm{p}}}} = \frac{V_{\mathrm{m}}}{\sqrt{gH_{\mathrm{m}}}}$$

$$\frac{V_{\mathrm{p}}}{V_{\mathrm{m}}} = \sqrt{\frac{H_{\mathrm{p}}}{H_{\mathrm{m}}}} = \sqrt{\lambda_l}$$

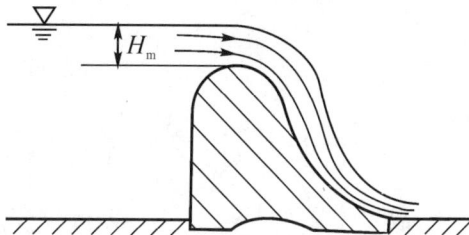

习题 7.24 图

泄流量之比 $$\frac{Q_{\mathrm{p}}}{Q_{\mathrm{m}}} = \frac{V_{\mathrm{p}}A_{\mathrm{p}}}{V_{\mathrm{m}}A_{\mathrm{m}}}$$

$$= \sqrt{\lambda_l}\lambda_l^2 = \lambda_l^{5/2}$$

故 $Q_{\mathrm{m}} = Q_{\mathrm{p}}\lambda_l^{-5/2} = 500 \times 60^{-2.5} = 0.017\,9$ m³/s

(2)按几何相似:

$$\frac{H_{\mathrm{p}}}{H_{\mathrm{m}}} = \lambda_l$$

故 $$H_{\mathrm{p}} = H_{\mathrm{m}}\lambda_l = 0.06 \times 60 = 3.6 \text{ m}$$

7.25 一油池通过直径为 $d = 0.25$ m 的圆管输送原油,流量 $Q = 140$ L/s,油的密度 $\rho_{\text{油}} = 925$ kg/m³,运动黏度为 $\nu = 0.75 \times 10^{-4}$ m²/s。为避免油面发生旋涡将空气卷入,需要确定最小油面深度 h。在 1∶5 模型中作试验,通过选择试验流体的运动黏度 ν_{m},实现模型和原型的 Fr 和 Re 分别相等。试求:(1)ν_{m};(2)Q_{m};(3)若 $h_{\mathrm{m}} = 60$ cm,原型中 h 应为多大?

解 (1)为了使模型和原型的 Fr 和 Re 分别相等,按 Re 相等,即

$$\frac{Vd}{\nu} = \frac{V_{\mathrm{m}}d_{\mathrm{m}}}{\nu_{\mathrm{m}}}$$

式中 $$V = \frac{Q}{\frac{\pi}{4}d^2} = \frac{140 \times 10^{-3}}{\frac{\pi}{4} \times 0.25^2} = 2.85 \text{ m/s}$$

$$\nu = 0.75 \times 10^{-4} \text{ m}^2/\text{s}$$

$$d = 0.25 \text{ m}$$

则 $$\nu_{\mathrm{m}} = \nu\frac{V_{\mathrm{m}}}{V}\frac{d_{\mathrm{m}}}{d} \tag{a}$$

按 Fr 相等,即

$$\frac{V}{\sqrt{gh}} = \frac{V_m}{\sqrt{gh_m}}$$

则
$$\frac{V_m}{V} = \sqrt{\frac{h_m}{h}} = \sqrt{\frac{1}{5}} \tag{b}$$

将(b)式代入(a)式,得

$$\nu_m = \nu \frac{1}{\sqrt{5}} \times \frac{1}{5} = 0.75 \times 10^{-4} \times \frac{1}{5\sqrt{5}}$$

$$= 0.067 \times 10^{-4} \text{ m}^2/\text{s}$$

(2) 由于
$$\frac{Q_m}{Q} = \frac{V_m}{V} \frac{A_m}{A} = \frac{1}{5^2\sqrt{5}}$$

故
$$Q_m = \frac{Q}{5^2\sqrt{5}} = \frac{140}{5^2\sqrt{5}} = 2.504 \text{ L/s}$$

(3) 由 $\dfrac{h}{h_m} = \lambda_l = 5$

故
$$h = 5 \times 0.6 = 3 \text{ m}$$

7.26 试根据模型潜艇在风洞中的实验来推算实际潜艇航行时的有关数据。设模型与实艇的比例为 1/10,风洞内压强为 20 个大气压。当风洞的风速为 12 m/s 时,测得模型的阻力为 120 N。试求:(1)对应这一状态的实艇的航速;(2)在这一航速下推进实艇所需的功率。

解 查表,在常温常压下(1 at,15℃时)

$$\nu_{水} = 1.146 \times 10^{-6} \text{ m}^2/\text{s}$$

$$\nu_{空气} = 1.52 \times 10^{-5} \text{ m}^2/\text{s}$$

设风洞中空气为等温压缩,即 μ 不变,而由于密度 ρ 的变化导致 ν 变化,即

$$\frac{p_1}{\rho_1} = \frac{p_2}{\rho_2}$$

$$p_1 = 1 \text{ at 时},为 \rho_1$$

$$p_2 = 20 \text{ at 时},为 \rho_2$$

则
$$\frac{\rho_2}{\rho_1} = 20$$

$$\rho_2 = 20 \times 1.226 = 24.52 \text{ kg/m}^3$$

由于
$$\frac{\nu_1}{\nu_2} = \frac{\dfrac{\mu}{\rho_1}}{\dfrac{\mu}{\rho_2}} = \frac{\rho_2}{\rho_1} = 20$$

故
$$\nu_2 = \frac{\nu_1}{20} = \frac{1.52 \times 10^{-5}}{20} = 0.76 \times 10^{-6} \text{ m}^2/\text{s}$$

加压后
$$\frac{\nu_{空气}}{\nu_{水}} = \frac{\nu_2}{\nu_{水}} = \frac{0.76 \times 10^{-6}}{1.146 \times 10^{-6}} = 0.663$$

（1）本潜艇阻力实验取 Re 相等，即

$$\frac{v_p l_p}{\nu_p} = \frac{v_m l_m}{\nu_m} \quad (\nu_p = \nu_{水}, \ \nu_m = \nu_2)$$

故

$$v_p = v_m \frac{l_m}{l_p} \frac{\nu_p}{\nu_m} = 12 \times \frac{1}{10} \times \frac{1}{0.663} = 1.81 \ \text{m/s}$$

实艇的航速为 $1.81 \ \text{m/s}$。

（2）当动力相似时，实艇与模型的阻力因数相等，即

$$C_D = \frac{F_p}{\frac{1}{2}\rho_p v_p^2 A_p} = \frac{F_m}{\frac{1}{2}\rho_m v_m^2 A_m}$$

则

$$F_p = F_m \frac{\rho_p}{\rho_m} \left(\frac{v_p}{v_m}\right)^2 \frac{A_p}{A_m}$$

$$= 120 \times \frac{1\,000}{24.52} \times \left(\frac{1.81}{12}\right)^2 \times 10^2$$

$$= 11.134 \ \text{kN}$$

故实艇所需的功率 $\quad P = Fv = 11.134 \times 1.81 = 20.15 \ \text{kW}$

7.27 比例为 1/80 的模型飞机，在运动黏度为 $\nu_m = 1.5 \times 10^{-5} \ \text{m}^2/\text{s}$ 的空气中作实验，模型速度为 $v_m = 45 \ \text{m/s}$。试求：(1) 该模型飞机在运动黏度为 $\nu_w = 1.0 \times 10^{-6} \ \text{m}^2/\text{s}$ 的水中作实验来确定其阻力时，模型速度应为多大？(2) 模型飞机在水中的形状阻力为 5.6 N 时，原型飞机在空气中的形状阻力为多少？

解 （1）飞机的阻力实验应取 Re 相等，即

$$\frac{v_m l_m}{\nu_m} = \frac{v_w l_w}{\nu_w}$$

式中，下标 m 表示在空气中，下标 w 表示在水中，这里 $l_m = l_w$（因为是同一飞机模型），

故

$$v_w = v_m \frac{\nu_w}{\nu_m} = 45 \times \frac{1.0 \times 10^{-6}}{1.5 \times 10^{-5}} = 3 \ \text{m/s}$$

（2）当动力相似时，飞机的形状阻力因数相等，即

$$C_D = \frac{F_m}{\frac{1}{2}\rho_m v_m^2 A_m} = \frac{F_w}{\frac{1}{2}\rho_w v_w^2 A_w}$$

这里

$$A_m = A_w$$

故

$$F_m = F_w \frac{\rho_m}{\rho_w} \left(\frac{v_m}{v_w}\right)^2 = 5.6 \times \frac{1.27}{1\,000} \times \left(\frac{45}{3}\right)^2$$

$$= 1.60 \ \text{N}$$

原型飞机在空气中的形状阻力为 $F_p = 1.60 \ \text{N}$

7.28 模型船与实船的比例为 1/50，若已知模型在速度为 $v_m = 1.33 \ \text{m/s}$ 时，船模的拖曳阻力

为 $F_m = 9.81$ N,试在下列两种情况下确定实船的速度和阻力:(1)主要作用力为重力;(2)主要作用力为摩擦阻力。

解 (1)当主要作用力为重力时,此时主要测定波浪阻力,模型和实船应取 Fr 相等,即

$$\frac{v_m}{\sqrt{gl_m}} = \frac{v_p}{\sqrt{gl_p}}$$

故

$$v_p = v_m\sqrt{\frac{l_p}{l_m}} = 1.33 \times \sqrt{50} = 9.40 \text{ m/s}$$

此时,它们的波浪阻力因数相等,即

$$\frac{(F_w)_m}{\frac{1}{2}\rho_m v_m^2 A_m} = \frac{(F_w)_p}{\frac{1}{2}\rho_p v_p^2 A_p}$$

故

$$(F_w)_p = (F_w)_m \left(\frac{v_p}{v_m}\right)^2 \frac{A_p}{A_m}$$

$$= 9.81 \times 50^3 = 1\,226.25 \text{ kN}$$

(2)当主要作用力为摩擦阻力时,应取 Re 相等,即

$$\frac{v_m l_m}{\nu_m} = \frac{v_p l_p}{\nu_p}$$

设

$$\nu_m = \nu_p$$

故

$$v_p = v_m \frac{l_m}{l_p} = 1.33 \times \frac{1}{50} = 0.026\,6 \text{ m/s}$$

此时,它们的摩擦阻力因数相等,即

$$\frac{(F_f)_m}{\frac{1}{2}\rho_m v_m^2 A_m} = \frac{(F_f)_p}{\frac{1}{2}\rho_p v_p^2 A_p}$$

故

$$(F_f)_p = (F_f)_m \left(\frac{v_p}{v_m}\right)^2 \frac{A_p}{A_m} = 9.81 \times \frac{50^2}{50^2} = 9.81 \text{ N}$$

7.29 一水雷在水下以 $v_p = 6$ km/h 的速度运动,今用比例为 1/3 的模型在风洞中测定水雷的阻力,试问:(1)风洞的风速 v_m;(2)若已知模型受力为 13.7 N,水雷的形状阻力为多大?

$\left(\rho_p/\rho_m = 796,\text{海水的 } \nu_p = 1.3 \times 10^{-6} \text{ m}^2/\text{s},\text{空气的 } \nu_m = 1.4 \times 10^{-5} \text{ m}^2/\text{s}。\right)$

解 (1)测试水雷的阻力试验时,应使 Re 相等,即

$$\frac{v_p d_p}{\nu_p} = \frac{v_m d_m}{\nu_m}$$

故

$$v_m = v_p \frac{d_p}{d_m} \frac{\nu_m}{\nu_p} = 6 \times \frac{1\,000}{3\,600} \times 3 \times \frac{1.4 \times 10^{-5}}{1.3 \times 10^{-6}} = 53.85 \text{ m/s}$$

(2)水雷的模型和实物应满足阻力因数相等,即

$$\frac{F_{\mathrm{m}}}{\frac{1}{2}\rho_{\mathrm{m}}v_{\mathrm{m}}^2\,A_{\mathrm{m}}}=\frac{F_{\mathrm{p}}}{\frac{1}{2}\rho_{\mathrm{p}}v_{\mathrm{p}}^2\,A_{\mathrm{p}}}$$

故　　　　$F_{\mathrm{p}}=F_{\mathrm{m}}\dfrac{\rho_{\mathrm{p}}}{\rho_{\mathrm{m}}}\left(\dfrac{v_{\mathrm{p}}}{v_{\mathrm{m}}}\right)^2\dfrac{A_{\mathrm{p}}}{A_{\mathrm{m}}}=13.7\times796\times\left(\dfrac{1.67}{53.85}\right)^2\times3^2=94.39\,\mathrm{N}$

第8章 有压管流和明渠流

选择题

8.1 如习题 8.1 图所示,水在垂直管内由上向下流动,在相距 l 的两断面间,测得测压管水头差 h,两断面间沿程水头损失 h_f,则
(a) $h_f = h$; (b) $h_f = h + l$; (c) $h_f = l - h$; (d) $h_f = l$。

解 上测压管断面为 1,下测压管断面为 2。设上测压管高度为 h_1,下测压管高度为 h_2,列出 $1 \to 2$ 的伯努利方程。由于速度相等,则 $z_1 + \dfrac{p_1}{\gamma} = z_2 + \dfrac{p_2}{\gamma} + h_f$,故 $h_f = l + \dfrac{p_1}{\gamma} - \dfrac{p_2}{\gamma} = l + h_1 - h_2 = h$。

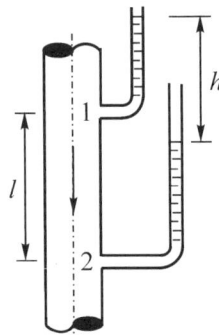

(a)

习题 8.1 图

8.2 如习题 8.2 图所示,圆管层流流动过流断面上的切应力分布为:(a)在过流 断面上是常量;(b)管轴处是零,且与半径成正比;(c)管壁处是零,向管轴线性增大;(d)按抛物线分布。

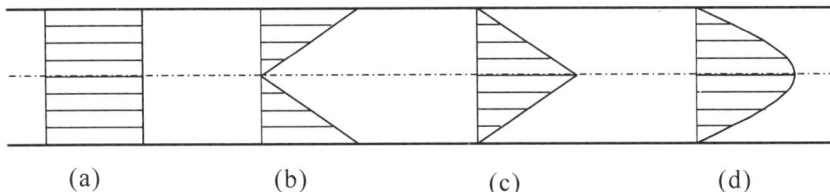

习题 8.2 图

解 由于圆管流动呈层流,过流断面上速度分布为抛物线分布,设 $u = u_{max}\left[1 - \dfrac{r^2}{R^2}\right]$,由牛顿内摩擦定律 $\tau = \mu\dfrac{\mathrm{d}u}{\mathrm{d}r} = -Cr$($C$ 为常量),故在管轴中心 $r = 0$ 处,切应力为零;$r = R$ 处,切应力为最大,且 τ 与半径成正比,故切应力呈 K 形分布。

(b)

8.3 在圆管流动中,湍流的断面流速分布符合:(a)均匀规律;(b)直线变化规律;(c)抛物线规律;(d)对数曲线规律。

解 由于湍流的复杂性,圆管的湍流速度分布由半经验公式确定,它符合对数分布规律或者指数分布规律。

(d)

8.4 在圆管流动中,层流的断面流速分布符合:(a)均匀规律;(b)直线变化规律;(c)抛物线规

律；(d)对数曲线规律。

解　对于圆管，层流流速分布符合抛物线规律。　　　　　　　　　　　　　　(c)

8.5　有一变直径管流，小管直径 d_1，大管直径 $d_2 = 2d_1$，两断面雷诺数的关系是：(a) $Re_1 = 0.5Re_2$；(b) $Re_1 = Re_2$；(c) $Re_1 = 1.5Re_2$；(d) $Re_1 = 2Re_2$。

解　圆管的雷诺数为 $Re = \dfrac{Vd}{\nu}$。由于小管直径 d_1 处的流速 V_1 是大管直径 $d_2 = 2d_1$ 处流速 V_2 的 4 倍，即 $V_1 = 4V_2$，故 $Re_1 = 2Re_2$。　　　　　　　　　　　(d)

8.6　有一圆管层流，实测管轴上流速为 0.4 m/s，则断面平均流速为：(a)0.4 m/s；(b)0.32 m/s；(c)0.2 m/s；(d)0.1 m/s。

解　圆管层流中，管轴处的流速为最大，而断面平均流速是最大流速的一半，因此平均流速为 0.2 m/s。　　　　　　　　　　　　　　　　　　　　　　　(c)

8.7　圆管湍流过渡区的沿程摩阻因数 λ(a)与雷诺数 Re 有关；(b)与管壁相对粗糙度 k_s/d 有关；(c)与 Re 及 k_s/d 有关；(d)与 Re 及管长 l 有关。

解　从实验可知，湍流过渡区的沿程摩阻因数 λ 与雷诺数 Re 及相对粗糙度 k_s/d 均有关。　　　　　　　　　　　　　　　　　　　　　　　　　　　(c)

8.8　圆管湍流粗糙区的沿程摩阻因数 λ(a)与雷诺数 Re 有关；(b)与管壁相对粗糙度 k_s/d 有关；(c)与 Re 及 k_s/d 有关；(d)与 Re 及管长 l 有关。

解　圆管湍流粗糙区又称为阻力平方区，沿程摩阻因数 λ 仅与 k_s/d 有关，而与 Re 无关。　　　　　　　　　　　　　　　　　　　　　　　　　　　(b)

8.9　工业管道的沿程摩阻因数 λ，在湍流过渡区随雷诺数的增加而(a)增加；(b)减小；(c)不变；(d)不定。

解　由穆迪图可以看出，工业管道的沿程摩阻因数 λ 随雷诺数的增加是减小的。　　(b)

8.10　两根直径相同的圆管，以同样的速度输送水和空气，不会出现＿＿＿＿情况。(a)水管内为层流状态，气管内为湍流状态；(b)水管、气管内都为层流状态；(c)水管内为湍流状态，气管内为层流状态；(d)水管、气管内都为湍流状态。

解　由于空气的运动黏度大约是水运动黏度的 10 倍，$Re = \dfrac{Vd}{\nu}$，当这两种流体的 Vd 相等时，水为层流状态，则空气肯定也是层流状态。　　　　　　　　　　　(a)

8.11　圆管内的流动状态为层流时，其断面的平均速度等于最大速度的＿＿＿＿倍。(a)0.5；(b)1.0；(c)1.5；(d) 2.0。

解　圆管内的流态为层流时，断面的平均流速是最大速度的 0.5 倍。　　　　(a)

8.12 湍流附加切应力是由于_____而产生的。(a)分子的内聚力;(b)分子间的动量交换;(c)重力;(d)湍流元脉动速度引起的动量交换。

解 湍流的附加切应力是由于湍流元脉动,上下层质点相互掺混,动量交换所引起的。

(d)

8.13 沿程摩阻因数不受 Re 影响,一般发生在_____。(a)层流区;(b)水力光滑区;(c)粗糙度足够小时;(d)粗糙度足够大时。

解 当雷诺数足够大时,此时为阻力平方区,该区域沿程摩阻因数 λ 不受 Re 影响。而从穆迪图上看,该区域往往管壁粗糙度足够大。

(d)

8.14 圆管内的流动为层流时,沿程阻力与平均速度的_____次方成正比。(a)1;(b)1.5;(c)1.75;(d)2。

解 当流动为层流时,沿程阻力与平均速度的1次方成正比。

(a)

8.15 两根直径不同的圆管,在流动雷诺数 Re 相等时,它们的沿程阻力因数 λ _____。(a)一定不相等;(b)可能相等;(c)粗管的一定比细管的大;(d)粗管的一定比细管的小。

解 在管流中,当流动 Re 相等时,沿程摩阻因数 λ 可能相等,也可能不相等,这还要由管壁粗糙度及湍流三个阻力区来决定。

(b)

计算题

8.16 设水以平均流速 $V = 14$ cm/s 流经内径为 $d = 50$ mm 的光滑铁管,试求铁管的沿程摩阻因数(水温为 $20℃$)。

解 先确定流态,查表,$t = 20℃$ 时,$\nu_水 = 1.011 \times 10^{-6}$ m²/s

流动雷诺数 $\qquad Re = \dfrac{Vd}{\nu} = \dfrac{0.14 \times 0.05}{1.011 \times 10^{-6}} = 6\,924 > 2\,300$

此为湍流。

求流动的沿程摩阻因数有以下几种方法:

方法(1):由 Re 及湍流光滑区,查穆迪图,得 $\lambda = 0.034$。

方法(2):由经验公式,由于 $4 \times 10^3 < 6\,924 < 10^5$,应用布拉休斯(Blasius)公式,得

$$\lambda = \frac{0.316\,4}{Re^{0.25}} = \frac{0.316\,4}{6\,924^{0.25}} = 0.034\,6$$

8.17 设水以平均流速 $V = 60$ cm/s 流经内径为 $d = 20$ cm 的光滑圆管,试求:(1)圆管中心的流速;(2)管壁剪切应力(水温为 $20℃$)。

解 先求流动雷诺数,得

$$Re = \frac{Vd}{\nu} = \frac{0.60 \times 0.20}{1.011 \times 10^{-6}} = 118\,694 > 2\,300$$

此为湍流。

可应用普朗特-史里希廷(Schlichting)公式,得

$$\frac{1}{\sqrt{\lambda}} = 2.0\lg(Re\sqrt{\lambda}) - 0.8 \quad (\text{此式适用范围为 } 3\,000 < Re < 4 \times 10^6)$$

由于该公式对 λ 是隐式,因此先用 Blasius 公式来计算,即

$$\lambda = \frac{0.316\,4}{Re^{0.25}} = \frac{0.316\,4}{118\,694^{0.25}} = 0.017$$

然后应用迭代法,利用 Schlichting 公式,得

$$\lambda = 0.017\,4$$

由管壁切向应力公式

$$\tau_0 = \frac{1}{8}\lambda\rho V^2 = \frac{1}{8} \times 0.017\,4 \times 1\,000 \times 0.6^2 = 0.783\,\text{Pa}$$

切应力速度项

$$u_* = \sqrt{\frac{\tau_0}{\rho}} = \sqrt{\frac{0.783}{1\,000}} = 0.028$$

湍流光滑区流速分布公式为

$$\frac{u}{u_*} = 5.5 + 5.75\lg\frac{yu_*}{\nu}$$

式中,在 $y = 0.10\,\text{m}$ 处,即管轴中心 $u = u_{\max}$

故圆管中心流速为 $u_{\max} = 0.028\left[5.5 + 5.75\lg\frac{0.1 \times 0.028}{1.011 \times 10^{-6}}\right] = 0.71\,\text{m/s}$

8.18 今要以长 $l = 800\,\text{m}$,内径 $d = 50\,\text{mm}$ 的水平光滑管道输油,不计管道进、出口压强差,若输油流量要等于135 L/min,用以输油的油泵扬程为多大?(设油的密度 $\rho = 920\,\text{kg/m}^3$,黏度 $\mu = 0.056\,\text{Pa} \cdot \text{s}$)

解 平均流速 $V = \dfrac{Q}{\dfrac{\pi}{4}d^2} = \dfrac{135 \times 10^{-3}}{60 \times \dfrac{\pi}{4} \times 0.05^2} = 1.146\,\text{m/s}$

流动雷诺数 $Re = \dfrac{Vd\rho}{\mu} = \dfrac{1.146 \times 0.05 \times 920}{0.056} = 941 < 2\,300$

此为层流。

沿程水头损失

$$h_f = \lambda\frac{l}{d}\frac{V^2}{2g} = \frac{64}{Re}\frac{l}{d}\frac{V^2}{2g} = \frac{64}{941} \times \frac{800}{0.05} \times \frac{1.146^2}{2 \times 9.81} = 72.84\,\text{m}$$

因此输油油泵的扬程为

$$H_m = h_f = 72.84\,\text{m} \quad (\text{油柱})$$

8.19 一压缩机润滑油管,管长 $l = 2.2\,\text{m}$,内径 $d = 10\,\text{mm}$,油的运动黏度 $\nu = 1.98\,\text{cm}^2/\text{s}$。

若流量 $Q = 0.1\,\text{L/s}$，试求沿程水头损失 h_f。

解 管内的平均流速 $V = \dfrac{Q}{\dfrac{\pi}{4}d^2} = \dfrac{0.1 \times 10^{-3}}{\dfrac{\pi}{4} \times 0.01^2} = 1.273\,\text{m/s}$

流动雷诺数 $Re = \dfrac{Vd}{\nu} = \dfrac{1.273 \times 0.01}{1.98 \times 10^{-4}} = 64 < 2\,300$

此为层流。

沿程摩阻因数 $\lambda = \dfrac{64}{Re} = \dfrac{64}{64} = 1.0$

故沿程水头损失 $h_\text{f} = \lambda \dfrac{l}{d} \dfrac{V^2}{2g} = 1.0 \times \dfrac{2.2}{0.01} \times \dfrac{1.273^2}{2 \times 9.81} = 18.17\,\text{m}$ （油柱）

8.20 试利用圆管湍流速度的分布对数律，求出层流底层的无因次厚度。

解 对于层流底层，其速度剖面的分布式为

$$\frac{u}{u_*} = \frac{yu_*}{\nu}$$

而在湍流区，速度分布为

$$\frac{u}{u_*} = 5.5 + 5.75\lg\frac{yu_*}{\nu} = 5.5 + 2.5\ln\frac{yu_*}{\nu}$$

很显然，在以上两分布曲线交点处的 y，即为层流底层厚度 δ，得

$$\frac{\delta u_*}{\nu} = 5.5 + 2.5\ln\frac{\delta u_*}{\nu}$$

列表计算：

无因次厚度 $y_* = \dfrac{\delta u_*}{\nu}$	5.0	7.0	9.0	11.0	12.0	13.0	11.6	11.63
$5.5 + 2.5\ln\dfrac{\delta u_*}{\nu}$	9.52	10.36	10.99	11.49	11.71	11.91	11.63	11.63

故层流底层的无因次厚度 $y_* = \dfrac{\delta u_*}{\nu} = 11.63$

8.21 15℃的水流过内径 $d = 0.3\,\text{m}$ 的铜管。若已知在 $l = 100\,\text{m}$ 的长度内水头损失 $h_\text{f} = 2\,\text{m}$。试求管内的流量 Q（设铜管的当量粗糙度 $k_\text{s} = 3\,\text{mm}$）。

解 管道相对粗糙度 $\dfrac{k_\text{s}}{d} = \dfrac{3}{300} = 0.01$

首先，假设管内流动为湍流阻力平方区，则由穆迪图查得：

$$\lambda = 0.038$$

由于 $h_\text{f} = \lambda \dfrac{l}{d} \dfrac{V^2}{2g}$

故 $V = \sqrt{\dfrac{2gdh_\text{f}}{\lambda l}} = \sqrt{\dfrac{2 \times 9.81 \times 0.3 \times 2}{0.038 \times 100}} = 1.76\ \text{m/s}$

则流量 $Q = V\dfrac{\pi}{4}d^2 = 1.76 \times \dfrac{\pi}{4} \times 0.3^2 = 0.124\ \text{m}^3/\text{s}$

其次,检验是否符合以上的假设:

$$t = 15℃\ 时,\nu_水 = 1.146 \times 10^{-6}\ \text{m}^2/\text{s}$$

$$Re = \frac{Vd}{\nu} = \frac{1.76 \times 0.3}{1.146 \times 10^{-6}} = 460\,733$$

此与原假设湍流阻力平方区相一致。

故管内的流量 $Q = 0.124\ \text{m}^3/\text{s}$

8.22 弦长为 10 cm 的对称翼型,在水温为 20℃ 的水中以 10 m/s 的速度直线前进,试求:(1)距前缘 1 cm 下游处的层流底层厚度;(2)距前缘 5 cm 下游处的层流底层厚度。

解 由于对称翼型曲率较小,可将其作为平板来处理。

设其表面切应力为 τ_0,则由边界层理论可知:

$$\tau_0 = 0.023\,3\rho U^2 \left(\frac{\nu}{U\delta}\right)^{0.25}$$

或 $\dfrac{\tau_0}{\rho} = 0.023\,3U^2\left(\dfrac{\nu}{U\delta}\right)^{0.25} = 0.023\,3U^2\left[\dfrac{\nu}{U \times 0.382x\left(\dfrac{Ux}{\nu}\right)^{-\frac{1}{5}}}\right]^{0.25}$

式中

ρ——流体密度;

U——流体速度;

ν——流体运动黏度;

δ——距前缘 x 处边界层的厚度。

而切应力速度 $u_* = \sqrt{\dfrac{\tau_0}{\rho}} = 0.153U \times 1.27 \times \left(\dfrac{Ux}{\nu}\right)^{-0.1}$

$$= 0.194U\left(\frac{Ux}{\nu}\right)^{-0.1}$$

设 $\nu_水 = 1.011 \times 10^{-6}\ \text{m}^2/\text{s}$ ($t = 20℃时$)

则距前缘 $x = 1$ cm 处切应力速度

$$u_* = 0.194 \times 10 \times \left(\frac{10 \times 0.01}{1.011 \times 10^{-6}}\right)^{-0.1} = 0.614\ \text{m/s}$$

$$\delta = 5.0 \times \frac{\nu}{u_*} = 5.0 \times \frac{1.011 \times 10^{-6}}{0.614} = 8.23 \times 10^{-3}\ \text{mm}$$

距前缘 $x = 5$ cm 处切应力速度

$$u_* = 0.194 \times 10 \times \left(\frac{10 \times 0.05}{1.011 \times 10^{-6}}\right)^{-0.1} = 0.523\ \text{m/s}$$

$$\delta = 5.0 \times \frac{\nu}{u_*} = 5.0 \times \frac{1.011 \times 10^{-6}}{0.523} = 9.67 \times 10^{-3}\ \text{mm}$$

8.23 如习题 8.23 图所示,一水箱通过内径为 75 mm,长为 100 m 的水平光滑管道向大气中排水,已知入口处局部损失因数 $\zeta = 0.5$,试问:要求管内产生出 $0.03 \text{ m}^3/\text{s}$ 的体积流量时,水箱中应维持多大的水面高度 h?

解 管内平均流速 $V = \dfrac{Q}{\dfrac{\pi}{4}d^2} = \dfrac{0.03}{\dfrac{\pi}{4} \times 0.075^2} = 6.79 \text{ m/s}$

由水箱自由液面 1-1 处到管出口处 2-2,列出伯努利方程:

$$z_1 + \frac{p_1}{\gamma} + \frac{V_1^2}{2g} = z_2 + \frac{p_2}{\gamma} + \frac{V_2^2}{2g} + h_L$$

式中

$$z_1 = h, \ z_2 = 0$$
$$p_1 = p_2 = 0$$
$$V_1 = 0$$
$$V_2 = 6.79 \text{ m/s}$$

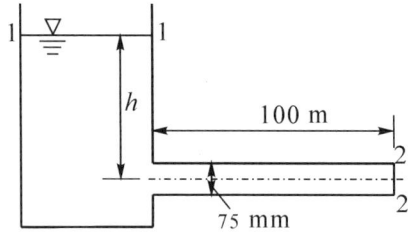

水头损失 $h_L = h_f + h_m$

为求 h_f,首先确定沿程摩阻因数 λ。

习题 8.23 图

设水温为 $t = 15℃$,$\nu_水 = 1.146 \times 10^{-6} \text{ m}^2/\text{s}$

$$Re = \frac{Vd}{\nu} = \frac{6.79 \times 0.075}{1.146 \times 10^{-6}} = 4.44 \times 10^5 \quad （湍流）$$

由穆迪图查得 $\lambda = 0.013\,4$

故 $$h_f = \lambda \frac{l}{d} \frac{V^2}{2g} = 0.013\,4 \times \frac{100}{0.075} \times \frac{6.79^2}{2 \times 9.81} = 41.98 \text{ m}$$

而 $$h_m = \zeta \frac{V^2}{2g} = 0.5 \times \frac{6.79^2}{2 \times 9.81} = 1.17 \text{ m}$$

故 $$h = \frac{V_2^2}{2g} + h_L = \frac{6.79^2}{2 \times 9.81} + 41.98 + 1.17 = 45.5 \text{ m}$$

8.24 今假定:由储水池通过内径为 40 cm 的管道跨过高为 50 m(距水池水面)的小山,用水泵送水。已知 AB 段的管道长度为 $2\,500$ m,流量为 $0.14 \text{ m}^3/\text{s}$,沿程摩阻因数 $\lambda = 0.028$,试求:要使管路最高点 B 的压强为 12 m 水柱高时,水泵所需的功率(设水泵的效率为 0.75)。(见习题 8.24 图)

解 对储水池自由表面 A 处到输水管 B 处,列伯努利方程:

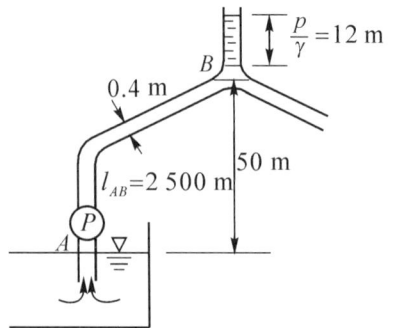

习题 8.24 图

$$z_A + \frac{p_A}{\gamma} + \frac{V_A^2}{2g} + H_m = z_B + \frac{p_B}{\gamma} + \frac{V_B^2}{2g} + h_{L_{A \to B}}$$

式中

$$z_A = 0, \quad z_B = 50 \text{ m}$$

$$p_A = 0, \quad \frac{p_B}{\gamma} = 12 \text{ m}$$

$$V_A = 0$$

而
$$V_B = \frac{Q}{\frac{\pi}{4}d^2} = \frac{0.14}{\frac{\pi}{4} \times 0.4^2} = 1.114 \text{ m/s}$$

$$h_f = \lambda \frac{l}{d} \frac{V^2}{2g} = 0.028 \times \frac{2\,500}{0.4} \times \frac{1.114^2}{2 \times 9.81} = 11.07 \text{ m}$$

故
$$H_m = 50 + 12 + \frac{1.114^2}{2 \times 9.81} + 11.07 = 73.13 \text{ m}$$

水泵所需的功率
$$P = \frac{\gamma Q H_m}{\eta} = \frac{9\,800 \times 0.14 \times 73.13}{0.75} = 133.8 \text{ kW}$$

8.25 如习题 8.25 图所示,烟囱的直径 $d = 1$ m,通过的烟气流量 $Q_m = 18\,000$ kg/h,烟气的密度 $\rho = 0.7$ kg/m³,外面大气的密度按 $\rho_a = 1.29$ kg/m³ 计算。如烟道的 $\lambda = 0.035$,要保证烟囱底部 1-1 断面的负压不小于 100 Pa,烟囱的高度至少应为多少?

解 从烟囱底部 1-1 至出口 2-2,列出非空气流伯努利方程:

$$p_1 + \frac{\rho V_1^2}{2} + (\gamma_a - \gamma)(z_2 - z_1) = p_2 + \frac{\rho V_2^2}{2} + \Delta p_{1 \to 2}$$

按题意
$$p_1 = -100 \text{ Pa}, \quad p_2 = 0$$

$$V_1 = 0, \quad V_2 = \frac{Q}{\frac{\pi}{4}d^2} = \frac{\frac{18\,000}{0.7 \times 3\,600}}{\frac{\pi}{4} \times 1^2} = 9.1 \text{ m/s}$$

$$z_1 = 0, \quad z_2 = H$$

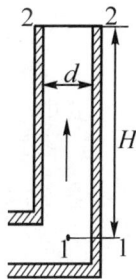

习题 8.25 图

而
$$\Delta p_{1 \to 2} = \lambda \frac{l}{d} \frac{\rho V^2}{2} = 0.035 \times \frac{H}{1} \times \frac{0.7 \times 9.1^2}{2} = 1.014 H$$

将其代入,得
$$-100 + 9.81 \times (1.29 - 0.7) \times H = \frac{0.7}{2} \times 9.1^2 + 1.014 H$$

解得
$$H = 27 \text{ m}$$

即烟囱的高度至少为 27 m。

8.26 如习题 8.26 图所示,一直径 $d = 350$ mm 的虹吸管,将河水送至堤外供给灌溉。已知堤内外水位差 $H = 3$ m,管出口淹没在水面以下,虹吸管沿程阻力因数 $\lambda = 0.04$,其上游 AB 段长 $l_1 = 15$ m,该段总的局部阻力因数 $\zeta_1 = 6$,下游 BC 段长 $l_2 = 20$ m,该段总的局部阻力因数 $\zeta_2 = 1.3$,虹吸管顶部的安装高度 $h = 4$ m。试确定:(1)该虹吸管的输水量 Q;(2)管顶部的压强 p_B,校核是否会出现空泡?(设饱和蒸气压 $p = -98.7$ kPa(g))

解 (1)列左右两自由液面 1 至 2 的伯努利方程:

$$z_1 + \frac{p_1}{\gamma} + \frac{V_1^2}{2g} = z_2 + \frac{p_2}{\gamma} + \frac{V_2^2}{2g} + h_L$$

式中

$$z_1 = H,\ z_2 = 0$$
$$p_1 = p_2 = 0$$
$$V_1 = V_2 = 0$$

而

$$h_L = \lambda \frac{l}{d} \frac{V^2}{2g} + \sum \zeta \frac{V^2}{2g}$$

$$= \left(0.04 \times \frac{15+20}{0.35} + 6 + 1.3 \right) \frac{V^2}{2g}$$

$$= H = 3$$

解得 $V = 2.28 \text{ m/s}$

$$Q = V \frac{\pi}{4} d^2 = 2.28 \times \frac{\pi}{4} \times 0.35^2$$

$$= 0.22 \text{ m}^3/\text{s}$$

(2) 列 1 至 B 的伯努利方程:

$$z_1 + \frac{p_1}{\gamma} + \frac{V_1^2}{2g} = z_B + \frac{p_B}{\gamma} + \frac{V_B^2}{2g} + h_{L1 \to B}$$

式中

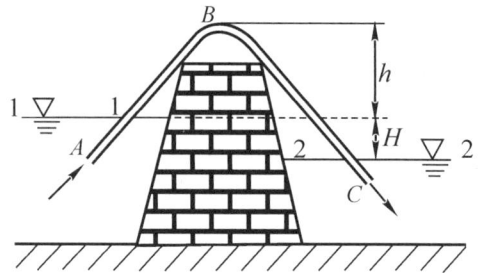

习题 8.26 图

$$z_1 = 0,\ z_B = h$$
$$p_1 = 0,\ V_1 = 0,\ V_B = 2.28 \text{ m/s}$$

而

$$h_{L1 \to B} = \lambda \frac{l_{AB}}{d} \frac{V^2}{2g} + \zeta_1 \frac{V^2}{2g}$$

$$= \left(0.04 \times \frac{15}{0.35} + 6 \right) \frac{V^2}{2g}$$

$$= 7.714 \times \frac{V^2}{2g} = 2.04 \text{ m}$$

故

$$\frac{p_B}{\gamma} = -h - \frac{V_B^2}{2g} - 2.04$$

解得 $p_B = -9\,810 \times (4 + 0.265 + 2.04) = -61.85 \text{ kPa}$

由于 $p_B > p$,故不会出现空泡。

8.27 如习题 8.27 图所示,从密闭加压池通过普通镀锌钢管 $ABCD$(其绝对粗糙度 $k_s = 0.39 \text{ mm}$)向水塔送水,已知流量 $Q = 0.035 \text{ m}^3/\text{s}$,而水池水位差 $H = 50 \text{ m}$,水管 AB 段长 $l_{AB} = 40 \text{ m}$,直径 $d_1 = 15 \text{ cm}$,水管 BCD 段长 $l_{BCD} = 70 \text{ m}$,直径 $d_2 = 8 \text{ cm}$,水的运动黏度 $\nu = 1.141 \times 10^{-6} \text{ m}^2/\text{s}$,且局部阻力分别为:$\zeta_A = 0.5$,$\zeta_E = 4.0$,$\zeta_C = 1.0$,$\zeta_D = 1.0$,$\zeta_B = 0.4$(以细管速度为基准)。试问:为维持这一流动,加压池的表面压强(表压)p_0 应为多大?(按恒定流动计算)

解 AB 段流速 $V_1 = \dfrac{Q}{\dfrac{\pi}{4}d_1^2} = \dfrac{0.035}{\dfrac{\pi}{4} \times 0.15^2} = 1.98 \text{ m/s}$

BCD 段流速 $V_2 = \dfrac{Q}{\dfrac{\pi}{4}d_2^2} = \dfrac{0.035}{\dfrac{\pi}{4} \times 0.08^2} = 6.97 \text{ m/s}$

则 AB 段 $Re_1 = \dfrac{V_1 d_1}{\nu} = \dfrac{1.98 \times 0.15}{1.141 \times 10^{-6}} = 260\ 298$

BCD 段 $Re_2 = \dfrac{V_2 d_2}{\nu} = \dfrac{6.97 \times 0.08}{1.141 \times 10^{-6}} = 488\ 694$

由于相对粗糙度分别为：

AB 段 $\dfrac{k_s}{d_1} = \dfrac{0.39}{150} = 2.6 \times 10^{-3}$

BCD 段 $\dfrac{k_s}{d_2} = \dfrac{0.39}{80} = 4.87 \times 10^{-3}$

查穆迪图,得

AB 段沿程摩阻因数 $\lambda_1 = 0.024$

BCD 段沿程摩阻因数 $\lambda_2 = 0.029$

列左右两水箱液面 $0-0 \rightarrow 1-1$ 伯努利方程：

$$z_0 + \frac{p_0}{\gamma} + \frac{V_0^2}{2g} = z_1 + \frac{p_1}{\gamma} + \frac{V_1^2}{2g} + h_L$$

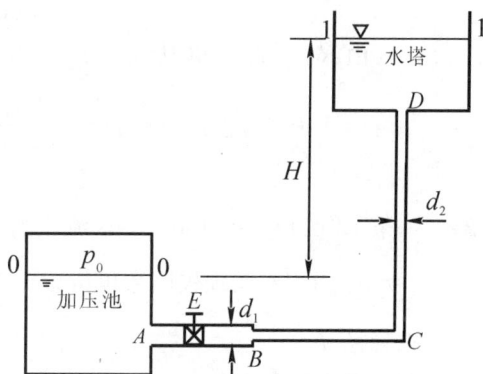

习题 8.27 图

式中

$$z_0 = 0,\ z_1 = H$$
$$p_1 = 0,\ V_0 = V_1 = 0$$
$$h_L = h_f + h_m$$
$$= \lambda_1 \frac{l_1}{d_1} \frac{V_1^2}{2g} + \lambda_2 \frac{l_2}{d_2} \frac{V_2^2}{2g} + \sum \zeta \frac{V_2^2}{2g}$$
$$= 0.024 \times \frac{40}{0.15} \times \frac{1.98^2}{2 \times 9.81} + 0.029 \times \frac{70}{0.08} \times$$
$$\frac{6.97^2}{2 \times 9.81} + (0.5 + 4.0 + 1.0 + 1.0 + 0.4) \times \frac{6.97^2}{2 \times 9.81}$$
$$= 81.2 \text{ m}$$

故 $\qquad \dfrac{p_0}{\gamma} = H + h_L = 50 + 81.2 = 131.2 \text{ m}$

得 $\qquad p_0 = 9\ 810 \times 131.2 = 1.287 \text{ MPa}$

8.28 一条输水管,长 $l = 1\ 000$ m,管径 $d = 0.3$ m,设计流量 $Q = 0.055 \text{ m}^3/\text{s}$。水的运动黏度 $\nu = 10^{-6} \text{ m}^2/\text{s}$。如果要求此管段的沿程水头损失 $h_f = 3$ m,试问：应选择相对粗糙度 k_s/d 为多少的管道?

解 输水管的平均流速

$$V = \frac{Q}{\frac{\pi}{4}d^2} = \frac{0.055}{\frac{\pi}{4} \times 0.3^2} = 0.778 \text{ m/s}$$

流动雷诺数为

$$Re = \frac{Vd}{\nu} = \frac{0.778 \times 0.3}{10^{-6}} = 233\,400$$

由

$$h_f = \lambda \frac{l}{d} \frac{V^2}{2g}$$

故

$$\lambda = \frac{3 \times 0.3 \times 2 \times 9.81}{1\,000 \times 0.778^2} = 0.029$$

由 $Re = 233\,400$ 及 $\lambda = 0.029$，查穆迪图，得

$$\frac{k_s}{d} = 0.004\,13$$

8.29 一条水管，长 $l = 150$ m，水流量 $Q = 0.12$ m³/s，该水管总的局部水头损失因数为 $\zeta = 5$，沿程水头损失因数可按 $\lambda = \frac{0.02}{d^{0.3}}$ 计算。如果要求总水头损失 $h_L = 3.96$ m，试求管径 d。

解 水头损失为

$$h_L = \left(\lambda \frac{l}{d} + \zeta\right)\frac{V^2}{2g}$$

$$V = \frac{4Q}{\pi d^2}$$

故

$$3.96 = \left(\frac{0.02}{d^{0.3}} \times \frac{150}{d} + 5\right)\frac{1}{2g}\left(\frac{4Q}{\pi d^2}\right)^2$$

将上式化简，得

$$3\,327d^{5.3} = 5d^{1.3} + 3$$

令 $x = 4d$，上式为

$$f(x) = 2.144x^{5.3} - 0.825x^{1.3} - 3 = 0$$

利用迭代法，得

$$x = 1.122\,7$$

故

$$d = \frac{x}{4} = 0.280\,7 \text{ m}$$

8.30 有一梯形断面的黏土渠道，其渠道底宽 $b=5$ m，水深 $h=2.5$ m，边坡系数 $m=1.5$，底坡 $i=0.000\,4$，粗糙系数 $n=0.025$，试求水渠中流量并校核是否会产生冲刷或淤积。

解 首先计算梯形断面的水力要素

过流断面面积 $A=(b+mh)h=(5+1.5\times2.5)\times2.5=21.875$ m²

湿周 $P=b+2h\sqrt{1+m^2}=5+2\times2.5\sqrt{1+1.5^2}=14.01$ m

水力半径 $r_h=\frac{A}{P}=\frac{21.875}{14.01}=1.561$ m

谢才系数 C，采用曼宁公式(8.41)

$$C = \frac{1}{n}r_h^{1/6} = \frac{1}{0.025} \times 1.561^{1/6} = 43.08 \text{ m}^{1/2}/\text{s}$$

由式 8.42

流量　$Q = CA\sqrt{r_h \cdot i} = 43.08 \times 21.875\sqrt{1.561 \times 0.0004} = 23.54 \text{ m}^3/\text{s}$

流速　$V = \dfrac{Q}{A} = \dfrac{23.54}{21.875} = 1.08 \text{ m/s}$

由相应规范要求　$V_{\min} = 0.4 \text{ m/s}$

$$V_{\max} = 1.2 \text{ m/s}$$

故满足规范要求,既不会产生冲刷也不会淤积。

8.31　有一梯形断面渠道,底坡 $i = 0.0006$,边坡系数 $m = 1.0$,粗糙系数 $n = 0.03$,底宽 $b = 1.5$ m,求通过流量 $Q = 1 \text{ m}^3/\text{s}$ 时的水深 h。

解　流量模数　$K = \dfrac{Q}{\sqrt{i}} = \dfrac{1}{\sqrt{0.0006}} = 40.82 \text{ m}^3/\text{s}$

过流断面　$A = (b+mh)h = (1.5+1.0 \times h)h = 1.5h + h^2$

湿周　$P = b + 2h\sqrt{1+m^2} = 1.5 + 2h\sqrt{1+1.0^2} = 1.5 + 2.83h$

由式 8.42　$K = CA\sqrt{r_h} = \dfrac{1}{n}A^{5/3}P^{-\frac{2}{3}} = f(h)$

假定若干个 h 值,可相应得到对应的 K 值,见下表

h/m	0	0.2	0.4	0.6	0.8	1.0
$K/\text{m}^3/\text{s}$	0	6.08	14.62	25.92	40.22	57.78

应用以上试算法,当 $h = 0.81$ m 时,$K = 40.82 \text{ m}^3/\text{s}$

8.32　有一矩形断面引水渡槽,其底宽 $b = 1.5$ m,槽长 $l = 116.5$ m,进口处槽底基准高度 $z_1 = 52.06$ m,槽身为普通混凝土,设计流量 $Q = 7.65 \text{ m}^3/\text{s}$,槽中水深 $h = 1.7$ m,求渡槽出口处底部基准高度 z_2。

解　设渡槽底坡为 i

则　$z_2 = z_1 - il$

由式 8.42　$i = \dfrac{Q^2}{K^2} = \dfrac{Q^2}{C^2A^2r_h}$

根据已知条件

$$A = bh = 1.5 \times 1.7 = 2.55 \text{ m}^2$$
$$P = b + 2h = 1.5 + 2 \times 1.7 = 4.9 \text{ m}$$
$$r_h = \frac{A}{P} = \frac{2.55}{4.9} = 0.52 \text{ m}$$

选择粗糙系数　$n = 0.014$

则谢才系数　$C = \dfrac{1}{n}r_h^{1/6} = \dfrac{1}{0.014} \times 0.52^{1/6} = 64.1 \text{ m}^{1/2}/\text{s}$

由　$i = \dfrac{Q^2}{C^2A^2r_h} = \dfrac{7.65^2}{64.1^2 \times 2.55^2 \times 0.52} = 0.00421$

故　$z_2 = z_1 - il = 52.06 - 0.00421 \times 116.5 = 51.57 \text{ m}$

8.33 有一梯形断面渠道,其流量为 $Q=3\,\mathrm{m^3/s}$,底坡 $i=0.003\,6$,$m=1.0$,粗糙系数 $n=0.025$,试求:(1)按最大允许流速 $V_{max}=1.4\,\mathrm{m/s}$ 设计底宽 b 和水深 h;(2)按水力最佳断面设计 b 和 h。

解 (1) 过流断面 $A=\dfrac{Q}{V_{max}}=\dfrac{3}{1.4}=2.14\,\mathrm{m^2}$

湿周 $P=\left(\dfrac{i^{1/2}A^{2/3}}{n \cdot V_{max}}\right)^{3/2}=\left(\dfrac{0.003\,6^{1/2}\times2.14^{2/3}}{0.025\times1.4}\right)^{3/2}=4.80\,\mathrm{m}$

由于 $A=(b+mh)h=(b+h)h=2.14\,\mathrm{m^2}$

$\qquad P=b+2h\sqrt{1+m^2}=b+2.83h=4.80\,\mathrm{m}$

由以上两式联立解得 $b=3.2\,\mathrm{m}$;$h=0.57\,\mathrm{m}$

(2) 按水力最佳断面设计

由式 8.43 $\quad \beta_{opt}=\dfrac{b}{h}=2(\sqrt{1+m^2}-m)=0.83$

故 $b=0.83h$

$\qquad A=(b+mh)h=(0.83h+h)h=1.83h^2$

$\qquad P=b+2h\sqrt{1+m^2}=0.83h+2h\sqrt{1+1.0^2}=3.66h$

$\qquad r_h=\dfrac{A}{P}=\dfrac{1.83h^2}{3.66h}=0.5h$

由于 $\quad Q=\dfrac{1}{n}Ar_h^{2/3}i^{1/2}$

故 $\quad 3=\dfrac{1}{0.025}\times(1.83h^2)\times(0.5h)^{2/3}\times0.003\,6^{1/2}$

解得 $h=1.03\,\mathrm{m}$,$b=0.85\,\mathrm{m}$

第9章 边界层理论

选择题

9.1 汽车高速行驶时所受到的阻力主要来自于_____。(a)汽车表面的摩擦阻力;(b)地面的摩擦阻力;(c)空气对头部的碰撞;(d)尾部的旋涡。

解   (d)

9.2 边界层内的流动特点之一是_____。(a)黏性力比惯性力重要;(b)黏性力与惯性力量级相等;(c)压强变化可忽略;(d)流动速度比外部势流小。

解   在边界层中黏性力和惯性力是同等数量级。   (b)

9.3 边界层的流动分离发生在_____。(a)物体后部;(b)零压梯度区;(c)逆压梯度区;(d)后驻点。

解   边界层产生分离的根本原因是,由于黏性的存在,条件是逆压梯度的存在。   (c)

计算题

9.4 一长 1.2 m、宽 0.6 m 的平板,顺流放置于速度为 0.8 m/s 的恒定水流中,设平板上边界层内的速度分布为

$$\frac{u}{U_0} = \frac{y}{\delta}\left(2 - \frac{y}{\delta}\right)$$

其中,δ 为边界层厚度,y 为至平板的垂直距离。试求:(1)边界层厚度的最大值;(2)作用在平板上的单面阻力。(设水温为 20℃)

解   由于

$$u = U_0\left[\frac{y}{\delta}\left(2 - \frac{y}{\delta}\right)\right]$$

令

$$\frac{y}{\delta} = \eta$$

则

$$\frac{u}{U_0} = f(\eta) = 2\eta - \eta^2$$

边界层动量厚度

$$\delta_m = \int_0^\delta \frac{u}{U_0}\left[1 - \frac{u}{U_0}\right]dy$$

$$= \delta \int_0^1 (2\eta - \eta^2)(1 - 2\eta + \eta^2)d\eta$$

$$= \frac{2}{15}\delta \tag{a}$$

由牛顿内摩擦定律

$$\tau_0 = \mu \frac{\mathrm{d}u}{\mathrm{d}y}\Big|_{y=0} = \mu U_0 \left(\frac{2}{\delta} - \frac{2y}{\delta}\right)\Big|_{y=0} = \frac{2\mu U_0}{\delta} \tag{b}$$

由式

$$\frac{\tau_0}{\frac{1}{2}\rho U_0^2} = 2\frac{\mathrm{d}\delta_\mathrm{m}}{\mathrm{d}x}$$

将(a),(b)式代入上式,得

$$15\frac{\mu}{\rho U_0}\mathrm{d}x = \delta\mathrm{d}\delta$$

将两边积分,得

$$15\frac{\mu}{\rho U_0}x = \frac{\delta^2}{2} + C$$

定积分常数   当 $x = 0$ 时, $\delta = 0$

得

$$C = 0$$

故边界层厚度

$$\delta = 5.48\sqrt{\frac{\nu x}{U_0}}$$

边界层的最大厚度

$$\delta_\mathrm{max} = \delta\Big|_{x=l} = 5.48\sqrt{\frac{1.011 \times 10^{-6} \times 1.2}{0.8}} = 6.75 \text{ mm}$$

作用于平板上的摩擦阻力是切应力 $\tau_0(x)$ 沿板长的积分,单面阻力

$$F_\mathrm{D} = b\int_0^l \tau_0(x)\mathrm{d}x = b\int_0^l \frac{2\mu U_0}{\delta}\mathrm{d}x = b\int_0^l \frac{2\mu U_0}{5.48\sqrt{\frac{\nu x}{U_0}}}\mathrm{d}x$$

$$= 0.73b\rho U_0^2 \frac{l}{\sqrt{R_l}} = 0.73 \times 0.6 \times 1\,000 \times 0.8^2 \times \frac{1.2}{\sqrt{\frac{0.8 \times 1.2}{1.011 \times 10^{-6}}}}$$

$$= 0.345 \text{ N}$$

9.5 一平板顺流放置于均流中。今若将平板的长度增加一倍,试问:平板所受的摩擦阻力将增加几倍?(设平板边界层内的流动为层流)

解 当平板边界层为层流边界层时,由 Blasius 公式得,摩擦阻力因数

$$C_\mathrm{Df} = \frac{1.328}{\sqrt{R_l}}$$

按题意,即

$$C_\mathrm{Df} \sim \frac{1}{\sqrt{l}}$$

由
$$F_D = C_{Df} \frac{1}{2} \rho U_0^2 A$$

则
$$F_D \propto \sqrt{l}$$

当平板的长度增加一倍时,摩擦阻力将增加 n 倍,即

$$n = \frac{F_{D2}}{F_{D1}} \propto \frac{\sqrt{2l}}{\sqrt{l}} = \sqrt{2}$$

9.6 设顺流长平板上的层流边界层中,板面上的速度梯度为 $k = \dfrac{\partial u}{\partial y}\Big|_{y=0}$。试证明板面附近的速度分布可用下式表示:

$$u = \frac{1}{2\mu} \frac{\partial p}{\partial x} y^2 + ky$$

式中,$\dfrac{\partial p}{\partial x}$ 为板长方向的压强梯度,y 为至板面的距离。(设流动为恒定)

解 对于恒定二维平板边界层,普朗特边界层方程为:

$$u \frac{\partial u}{\partial x} + v \frac{\partial u}{\partial y} = -\frac{1}{\rho} \frac{\partial p}{\partial x} + \nu \frac{\partial^2 u}{\partial y^2} \tag{a}$$

由于平板很长,可以认为:

$$\frac{\partial u}{\partial x} = 0$$

由连续方程

$$\frac{\partial u}{\partial x} + \frac{\partial v}{\partial y} = 0$$

故
$$\frac{\partial v}{\partial y} = 0$$

在平板壁面上 $v = 0$,因此在边界层内 $v = 0$

由此(a)式可简化成:

$$\frac{\partial^2 u}{\partial y^2} = \frac{1}{\rho \nu} \frac{\partial p}{\partial x} = \frac{1}{\mu} \frac{\partial p}{\partial x}$$

上式中右端是 x 的函数,左端是 y 的函数,两者要相等,必须使得

$$\frac{\partial p}{\partial x} = 常量$$

将其积分 1 次
$$\frac{\partial u}{\partial y} = \frac{1}{\mu} \frac{\partial p}{\partial x} y + C$$

再积分
$$u = \frac{1}{2\mu} \frac{\partial p}{\partial x} y^2 + Cy + D$$

由题意,当 $y = 0$ 时,$\dfrac{\partial u}{\partial y} = k$,

故 $\qquad\qquad\qquad\qquad\qquad\qquad\qquad C = k$

当 $y = 0$ 时,由无滑移条件 $u = 0$,得 $D = 0$,

故 $\qquad\qquad\qquad\qquad\qquad\qquad u = \dfrac{1}{2\mu}\dfrac{\partial p}{\partial x}y^2 + ky$

9.7 设一平板顺流放置于速度为 U_0 的均流中,如已知平板上层流边界层内的速度分布 $u(y)$ 可用 y(y 为该点至板面的距离)的 3 次多项式表示,试证明这一速度分布可表示为:

$$\frac{u}{U_0} = \frac{3}{2}\frac{y}{\delta} - \frac{1}{2}\left(\frac{y}{\delta}\right)^3$$

其中,δ 为边界层厚度。

解 设板上层流边界层内的速度分布为

$$\frac{u}{U_0} = a + b\eta + c\eta^2 + d\eta^3$$

其中,$\eta = \dfrac{y}{\delta}$,在上式中有 4 个待定常数,可应用下列 4 个边界条件:

① $y = 0$,$u = 0$

② $y = \delta$,$u = U_0$

③ $y = \delta$,$\dfrac{\partial u}{\partial y} = 0$

④ 由普朗特边界层方程

$$u\frac{\partial u}{\partial x} + v\frac{\partial u}{\partial y} = -\frac{1}{\rho}\frac{\partial p}{\partial x} + \nu\frac{\partial^2 u}{\partial y^2}$$

当 $y = 0$ 处,$u = v = 0$

得 $\qquad\qquad\qquad\qquad\qquad\qquad \dfrac{1}{\rho}\dfrac{\partial p}{\partial x} = \nu\dfrac{\partial^2 u}{\partial y^2}$

而对于势流区

$$p + \frac{\rho}{2}U^2 = C$$

得 $\qquad\qquad\qquad\qquad\qquad\qquad \dfrac{\partial p}{\partial x} + \rho U\dfrac{\mathrm{d}U}{\mathrm{d}x} = 0$

或 $\qquad\qquad\qquad\qquad\qquad\qquad \dfrac{1}{\rho}\dfrac{\partial p}{\partial x} = -U\dfrac{\mathrm{d}U}{\mathrm{d}x}$

故 $\qquad\qquad\qquad\qquad\qquad\qquad -\dfrac{U}{\nu}\dfrac{\mathrm{d}U}{\mathrm{d}x} = \dfrac{\partial^2 u}{\partial y^2}$

对于平板而言,由于 $U = U_0$ 故 $\dfrac{\mathrm{d}U}{\mathrm{d}x} = 0$,因此,当 $y = 0$ 处,$\dfrac{\partial^2 u}{\partial y^2} = 0$

由 $y = 0$,$u = 0$ 得

$$a = 0$$

由 $y = \delta$, $u = U_0$ 得

$$b + c + d = 1$$

由 $y = \delta$, $\dfrac{\partial u}{\partial y} = 0$ 得

$$b + 2c + 3d = 0$$

由 $y = 0$, $\dfrac{\partial^2 u}{\partial y^2} = 0$ 得

$$2c = 0 \quad 即 \quad c = 0$$

故解得 $a = 0$, $b = \dfrac{3}{2}$, $c = 0$, $d = -\dfrac{1}{2}$

因此证明了速度分布可表示成：

$$\frac{u}{U_0} = \frac{3}{2}\,\frac{y}{\delta} - \frac{1}{2}\left(\frac{y}{\delta}\right)^3$$

9.8 一长为 50 m、浸水面积为 469 m² 的船以 15 m/s 的速度在静水中航行。试求该船的摩擦阻力,以及为克服此阻力所需的功率。(设水的运动黏度 $\nu = 0.011\ \text{cm}^2/\text{s}$,摩擦阻力可按同一长度的相当平板计算)

解 平板雷诺数

$$Re_1 = \frac{U_0 l}{\nu} = \frac{15 \times 50}{0.011 \times 10^{-4}} = 6.818 \times 10^8$$

由于 $Re_1 = 6.818 \times 10^8 \gg 5.0 \times 10^5$,故按湍流边界层计算,可得
平板摩阻因数

$$C_{\text{Df}} = \frac{0.455}{(\lg Re_1)^{2.58}}$$

$$= \frac{0.455}{(\lg 6.818 \times 10^8)^{2.58}} = 1.648 \times 10^{-3}$$

平板摩擦阻力

$$F_{\text{D}} = C_{\text{Df}}\frac{1}{2}\rho U_0^2 A = 1.648 \times 10^{-3} \times \frac{1}{2} \times 1\,000 \times 15^2 \times 469$$

$$= 86\,955\ \text{N}$$

所消耗的功率

$$P = F_{\text{D}} U_0 = 86\,955 \times 15 = 1\,304\ \text{kW}$$

9.9 一矩形平板,其长、短边的边长各为 4.5 m 及 1.5 m。今设它在空气中以 3 m/s 的速度在自身平面内运动。已知空气的密度 $\rho = 1.205\ \text{kg/m}^3$, $\nu = 1.5 \times 10^{-5}\ \text{m}^2/\text{s}$。试求:(1)平板沿短边方向运动时的摩擦阻力;(2)沿长边方向运动时的摩擦阻力,以及两种情况下摩

擦阻力之比。

解 设平板边界层流动状态转捩点位置为

$$x_{cr} = 5.0 \times 10^5 \times \frac{\nu}{U_0} = 5.0 \times 10^5 \times \frac{1.5 \times 10^{-5}}{3} = 2.5 \text{ m}$$

(1) 沿短边方向运动时，$b = 1.5 \text{ m} < 2.5 \text{ m}$，故平板边界层为层流边界层：

$$C_{Df1} = \frac{1.328}{\sqrt{Re_b}} = \frac{1.328}{\left(\frac{3 \times 1.5}{1.5 \times 10^{-5}}\right)^{\frac{1}{2}}} = 2.42 \times 10^{-3}$$

摩擦阻力（双面）

$$\begin{aligned} F_{D1} &= 2C_{Df1}\frac{1}{2}\rho U_0^2 bl \\ &= 2 \times 2.42 \times 10^{-3} \times 0.5 \times 1.205 \times 3^2 \times 1.5 \times 4.5 \\ &= 0.177 \text{ N} \end{aligned}$$

(2) 沿长边方向运动时，$l = 4.5 \text{ m} > 2.5 \text{ m}$，按混合边界层计算：

$$(C_{Df2})_{混合} = \frac{0.455}{(\lg Re_1)^{2.58}} - \frac{1700}{Re_1}$$

式中

$$Re_1 = \frac{U_0 l}{\nu} = \frac{3 \times 4.5}{1.5 \times 10^{-5}} = 9 \times 10^5$$

则

$$(C_{Df2})_{混合} = \frac{0.455}{(\lg 9 \times 10^5)^{2.58}} - \frac{1700}{9 \times 10^5} = 2.67 \times 10^{-3}$$

摩擦阻力（双面）

$$\begin{aligned} F_{D2} &= 2C_{Df2}\frac{1}{2}\rho U_0^2 lb \\ &= 2 \times 2.67 \times 10^{-3} \times 0.5 \times 1.205 \times 3^2 \times 4.5 \times 1.5 \\ &= 0.195 \text{ N} \end{aligned}$$

$$\frac{F_{D2}}{F_{D1}} = \frac{0.195}{0.177} = 1.10$$

9.10 15℃的空气以 25 m/s 的速度流过一与流动方向平行的薄平板。试求距前缘 0.2 m 及 0.5 m 处边界层的厚度。（设 $\nu = 1.5 \times 10^{-5} \text{ m}^2/\text{s}$，$Re_{xcr} = 5 \times 10^5$）

解 流动状态转捩点距前缘的位置为

$$x_{cr} = 5.0 \times 10^5 \times \frac{\nu}{U_0} = 5.0 \times 10^5 \times \frac{1.5 \times 10^{-5}}{25} = 0.3 \text{ m}$$

故距前缘 0.3 m 处为层流边界层，而 0.5 m 处为湍流边界层。

距前缘 0.2 m 处 A 点的边界层厚度

$$\delta_A = 5.477\sqrt{\frac{\nu x}{U_0}} = 5.477\sqrt{\frac{1.5 \times 10^{-5} \times 0.2}{25}} = 1.90 \text{ mm}$$

距前缘 0.5 m 处 B 点的边界层厚度

$$\delta_B = 0.37\left(\frac{\nu}{U_0 x}\right)^{\frac{1}{5}} x = 0.37\left(\frac{1.5 \times 10^{-5}}{25 \times 0.5}\right)^{\frac{1}{5}} \times 0.5 = 12.1 \text{ mm}$$

9.11　如习题 9.11 图所示,标准状态的空气从两平行平板构成的流道内通过,在入口处速度是均匀的,其值 $U_0 = 25$ m/s。今假定:从每个平板的前缘起,湍流边界层向下游逐渐发展,边界层内速度分布和厚度可近似表示为:

$$\frac{u}{U} = \left(\frac{y}{\delta}\right)^{1/7}$$

$$\frac{\delta}{x} = 0.38 Re_x^{-1/5} \quad \left(Re_x = \frac{U_0 x}{\nu}\right)$$

式中,U 为中心线上的速度,它为 x 的函数。设两板相距 $h = 0.3$ m,板宽 $b \gg h$(即边缘影响可忽略不计),试求从入口至下游 5 m 处的压强降。($\nu = 1.32 \times 10^{-5}$ m²/s)

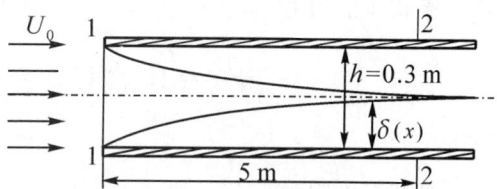

习题 9.11 图

解　距前缘 5 m 处边界层厚度

$$\delta\Big|_{x=5} = 0.38 x Re_x^{-\frac{1}{5}} = 0.38 \times 5 \times \left(\frac{25 \times 5}{1.32 \times 10^{-5}}\right)^{-\frac{1}{5}}$$

$$= 0.076\,5 \text{ m}\left(< \frac{h}{2} = \frac{0.3}{2} = 0.15 \text{ m}\right)$$

由连续性方程,平板入口处流量等于距前缘 5 m 处截面处的流量,故可求得势流区的流速 U,即

$$U_0 h = U(h - 2\delta) + 2\int_0^\delta u \mathrm{d}y$$

将数据代入上式,得 $25 \times 0.3 = U \times (0.3 - 2 \times 0.076\,5) + 2\int_0^{0.076\,5}\left(\frac{y}{\delta}\right)^{\frac{1}{7}} U \mathrm{d}y$

$$= 0.147 U + 2\int_0^{0.076\,5}\left(\frac{y}{0.076\,5}\right)^{\frac{1}{7}} U \mathrm{d}y$$

$$= 0.147 U + 2.887 U \times \frac{7}{8} y^{\frac{8}{7}}\Big|_0^{0.076\,5} = 0.281 U$$

故

$$U = \frac{25 \times 0.3}{0.281} = 26.7 \text{ m/s}$$

在平板中心线处列出入口处 1-1 到距入口 5 m 处 2-2 的伯努利方程,则

$$p_1 - p_2 = \frac{\rho}{2}(V_2^2 - V_1^2) = \frac{1.2}{2} \times (26.7^2 - 25^2) = 52.7 \text{ Pa}$$

9.12　有两辆迎风面积相同,$A = 2$ m² 的汽车,其一为上世纪 20 年代的老式车,绕流阻力因数 $C_{D1} = 0.8$,另一为当今有良好外形的新式车,阻力因数 $C_{D2} = 0.28$。若两车在气温

为 20℃,无风的条件下,均以 90 km/h 的车速行驶,试求为克服空气阻力各需多大的功率?

解　$t = 20℃$ 时,$\rho_{空气} = 1.025 \text{ kg/m}^3$

由绕流阻力因数定义

$$C_D = \frac{F_D}{\frac{\rho}{2}U_0^2 A}$$

老式车的阻力

$$F_{D1} = C_{D1} \frac{\rho}{2}U_0^2 A = 0.8 \times \frac{1.205}{2} \times \left(\frac{90 \times 10^3}{3\,600}\right)^2 \times 2$$
$$= 602.5 \text{ N}$$

新式车的阻力

$$F_{D2} = C_{D2} \frac{\rho}{2}U_0^2 A = 0.28 \times \frac{1.205}{2} \times 25^2 \times 2$$
$$= 210.88 \text{ N}$$

老式车所需的功率　$P_1 = F_{D1}U_0 = 602.5 \times 25 = 15.06 \text{ kW}$

新式车所需的功率　$P_2 = F_{D2}U_0 = 210.88 \times 25 = 5.27 \text{ kW}$

9.13　有 45 kN 的重物从飞机上投下,要求落地速度不超过 10 m/s,重物挂在一张阻力因数 $C_D = 2$ 的降落伞下面,不计伞重。设空气密度为 $\rho = 1.2 \text{ kg/m}^3$,求降落伞应有的直径。

解　降落伞下落时,它受到的空气阻力

$$F_D = \frac{1}{2}\rho U_0^2 A C_D$$

$$= \frac{1}{2}\rho U_0^2 \frac{\pi}{4}d^2 C_D$$

当不计浮力时,则阻力　　　　　　$F_D = G$

即　　　　　　　　　　$\frac{1}{2}\rho U_0^2 \frac{\pi}{4}d^2 C_D = G$

故　　　　　$d = \sqrt{\frac{8G}{\rho U_0^2 \pi C_D}} = \sqrt{\frac{8 \times 45 \times 10^3}{1.2 \times 10^2 \times 3.14 \times 2}} = 21.85 \text{ m}$

9.14　炉膛的烟气以速度 $U_0 = 0.5 \text{ m/s}$ 向上升腾,气体的密度 $\rho = 0.25 \text{ kg/m}^3$,黏度 $\mu = 5 \times 10^{-5} \text{ Pa·s}$,粉尘的密度 $\rho_m = 1\,200 \text{ kg/m}^3$,试估算此烟气能带走多大直径的粉尘?

解　方法(1):(见习题 9.14 图)

气流作用于粉尘的力就是绕流阻力 F_D,即

$$F_D = \frac{1}{2}\rho U_0^2 A C_D$$

假设流动的雷诺数 $Re = \dfrac{U_0 d}{\nu} < 1$

则

$$C_D = \frac{24}{Re}$$

$$F_D = \frac{1}{2}\rho U_0^2 \times 24\left(\frac{\mu}{\rho U_0 d}\right)\left(\frac{\pi}{4}d^2\right)$$

$$= 3\pi\mu U_0 d$$

粉尘重量

$$G = \frac{\pi}{6}d^3\rho_m g$$

粉尘浮力

$$F_b = \frac{\pi}{6}d^3\rho g$$

当 $F_D + F_b > G$ 时,粉尘被烟气带走,即

$$3\pi\mu U_0 d > \frac{\pi}{6}d^3(\rho_m - \rho)g$$

故

$$d < \sqrt{\frac{18\mu U_0}{(\rho_m - \rho)g}} = \sqrt{\frac{18 \times 5 \times 10^{-5} \times 0.5}{(1\,200 - 0.25) \times 9.81}} = 1.955 \times 10^{-4}\ \text{m}$$

验证:$Re = \dfrac{\rho U_0 d}{\mu} = \dfrac{0.25 \times 0.5 \times 1.955 \times 10^{-4}}{5 \times 10^{-5}} = 0.489$

此与假设相符。

方法(2):

假设

$$Re = \frac{\rho U_0 d}{\mu} < 1$$

悬浮速度

$$u = \frac{1}{18\mu}d^2(\rho_m - \rho)g < U_0$$

此时粉尘被带走,故

$$d < \sqrt{\frac{18\mu U_0}{(\rho_m - \rho)g}} = 1.955 \times 10^{-4}\text{m}$$

然后,验证:$Re = \dfrac{\rho U_0 d}{\mu} = 0.489$

此与假设相符,故烟气能带走粉尘的直径

$$d < 1.955 \times 10^{-4}\text{m}$$

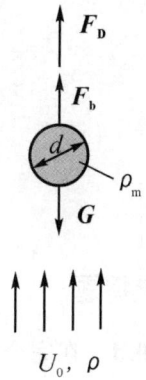

习题 9.14 图

第 10 章　一维气体动力学基础

选择题

10.1 在完全气体中,声速正比于气体的:(a)密度;(b)压强;(c)热力学温度;(d)以上都不是。

解　对于声速有两个计算公式:$c = \sqrt{\dfrac{\mathrm{d}p}{\mathrm{d}\rho}}$,$c = \sqrt{\gamma R T}$,很显然答案应是(d)。　　　　(d)

10.2 马赫数 Ma 等于:(a)$\dfrac{v}{c}$;(b)$\dfrac{c}{v}$;(c)$\sqrt{\gamma \dfrac{p}{\rho}}$;(d)$\dfrac{1}{\sqrt{\gamma}}$。

解　马赫数定义是 $Ma = \dfrac{v}{c}$。　　　　(a)

10.3 在变截面喷管内,亚声速等熵气流随截面面积沿程减小而(a)v 减小;(b)p 增大;(c)ρ 增大;(d)T 下降。

解　对于亚声速等熵气流,在喷管中随截面面积的减小,流速增大,压强减小,密度减小而质流量增大,根据公式 $\dfrac{\mathrm{d}T}{T} = -(\gamma - 1)\dfrac{Ma^2}{Ma^2 - 1}\dfrac{\mathrm{d}A}{A}$,显然 $\mathrm{d}T < 0$。　　　　(d)

10.4 有摩阻的超声速绝热管流,沿程:(a)v 增大;(b)p 减小;(c)ρ 增大;(d)T 下降。

解　有摩阻的超声速绝热管流,即 $Ma > 1$ 时,沿程 v 减小,p 增加。由于绝热过程方程 $\dfrac{p}{\rho^\gamma} = C$,因此 ρ 随之增大。　　　　(c)

10.5 收缩喷管中临界参数如存在,它将出现在喷管的_____。(a)进口处;(b)出口处;(c)出口处前某处;(d)出口处某假想面。

解　如果不考虑热交换和摩擦损失,喷管的流动属于等熵流动。在收缩喷管中亚声速气流作加速运动,而超声速气流作减速运动,若临界参数(指速度 v 和当地声速 c 相等的那点的热力学状态)存在,则应出现在喷管的出口处。　　　　(b)

10.6 超声速气体在收缩管中流动时,速度_____。(a)逐渐增大;(b)保持不变;(c)逐渐减小;(d)无固定变化规律。

解　超声速气流在收缩管中是作减速流动。　　　　(c)

计算题

10.7 飞机在气温 20℃的海平面上,以 1 188 km/h 的速度飞行,马赫数是多少? 若以同样的速度在同温层中飞行,求此时的马赫数。

解　在 $t = 20℃$ 时,声速

$$c_1 = 20.1 \sqrt{T_1} = 20.1 \sqrt{273 + 20} = 344 \text{ m/s}$$

在同温层中,声速

$$c_2 = 20.1 \sqrt{T_2} = 20.1 \sqrt{216.5} = 295.8 \text{ m/s}$$

因此在海平面飞行时马赫数

$$Ma_1 = \frac{v}{c_1} = \frac{\dfrac{1\ 188\ 000}{3\ 600}}{344} = 0.96$$

在同温层中飞行时马赫数

$$Ma_2 = \frac{v}{c_2} = \frac{330}{295.8} = 1.12$$

10.8 已知一飞机在观察站上空,$H = 200$ m,以速度 1 836 km/h 飞行,空气的温度 $T = 15℃$,求飞机飞过观察站正上方到观察站听到飞机的声音要多少时间?

解　如习题 10.8 图所示,$t = 15℃$ 时,声速

$$c = 20.1 \sqrt{273 + 15} = 341 \text{ m/s}$$

马赫数

$$Ma = \frac{v}{c} = \frac{1\ 836 \times 10^3}{3\ 600 \times 341} = 1.496$$

故马赫角

$$\alpha = \arcsin \frac{1}{Ma} = 41.95°$$

飞越的水平距离

$$S = \frac{200}{\tan \alpha} = \frac{200}{\tan 41.95°} = 222.5 \text{ m}$$

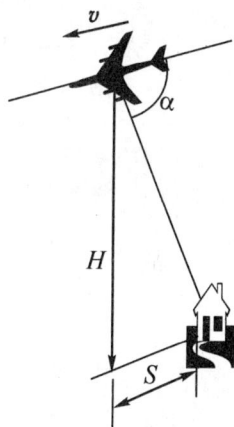

习题 **10.8** 图

所需的时间

$$t = \frac{222.5}{510} = 0.436 \text{ s}$$

10.9 二氧化碳气体作等熵流动,某点的温度 $T_1 = 60℃$,速度 $v_1 = 14.8$ m/s,在同一流线上,另一点的温度 $T_2 = 30℃$,已知二氧化碳 $R = 189$ J/(kg · K),$\gamma = 1.29$,求该点的

速度。

解 由状态方程

$$\frac{p_1}{\rho_1} = RT_1$$

故

$$\frac{p_1}{\rho_1} = 189 \times (273 + 60) = 62\,937$$

同理

$$\frac{p_2}{\rho_2} = 189 \times (273 + 30) = 57\,267$$

由等熵能量方程

$$\frac{\gamma}{\gamma - 1} \frac{p}{\rho} + \frac{v^2}{2} = C$$

得

$$\frac{1.29}{1.29 - 1} \frac{p_1}{\rho_1} + \frac{v_1^2}{2} = \frac{1.29}{1.29 - 1} \frac{p_2}{\rho_2} + \frac{v_2^2}{2}$$

即

$$\frac{v_2^2}{2} = \frac{1.29}{0.29} \times 62\,937 + \frac{14.8^2}{2} - \frac{1.29}{0.29} \times 57\,267$$

故

$$v_2 = 225.1 \text{ m/s}$$

10.10 空气作等熵流动,已知滞止压强 $p_0 = 490$ kPa,滞止温度 $T_0 = 20℃$,试求:滞止声速 c_0 及 $Ma = 0.8$ 处的声速、流速和压强。

解 滞止声速

$$c_0 = \sqrt{\gamma R T_0} = \sqrt{1.4 \times 287 \times (20 + 273)} = 343.1 \text{ m/s}$$

由公式

$$\frac{c_0}{c} = \left(1 + \frac{\gamma - 1}{2} Ma^2\right)^{\frac{1}{2}}$$

故

$$c = \frac{343.1}{\left(1 + \frac{1.4 - 1}{2} \times 0.8^2\right)^{\frac{1}{2}}} = 323 \text{ m/s}$$

由于

$$Ma = \frac{v}{c}$$

故

$$v = 0.8 \times 323 = 258.4 \text{ m/s}$$

由公式

$$\frac{p_0}{p} = \left(1 + \frac{\gamma - 1}{2} Ma^2\right)^{\frac{\gamma}{\gamma - 1}}$$

得

$$\frac{p_0}{p} = \left(1 + \frac{1.4 - 1}{2} \times 0.8^2\right)^{\frac{1.4}{1.4 - 1}} = 1.524$$

故

$$p = \frac{p_0}{1.524} = \frac{490}{1.524} = 321.5 \text{ kPa}$$

10.11 高压蒸气由收缩喷管流出,在喷管进口断面处,流速为 200 m/s,温度为 350℃,压强为

1 MPa(ab)，气流在喷管中被加速，在出口处 $Ma = 0.9$。已知蒸气 $R = 462\,\text{J/(kg·K)}$，$\gamma = 1.33$，求出口速度。

解　由式

$$c_1 = \sqrt{\gamma R T_1} = \sqrt{1.33 \times 462 \times (350 + 273)} = 618.7\,\text{m/s}$$

进口处马赫数　　　　　$Ma_1 = \dfrac{v_1}{c_1} = \dfrac{200}{618.7} = 0.323$

　由公式

$$\frac{c_0^2}{\gamma - 1} = \frac{c_1^2}{\gamma - 1} + \frac{v_1^2}{2}$$

得　　　　　$\dfrac{c_0^2}{1.33 - 1} = \dfrac{618.7^2}{1.33 - 1} + \dfrac{200^2}{2}$

故滞止声速

$$c_0 = 624\,\text{m/s}$$

　由式

$$\frac{c_0}{c_2} = \left[1 + \frac{\gamma - 1}{2} Ma^2\right]^{\frac{1}{2}} = \left[1 + \frac{1.33 - 1}{2} \times 0.9^2\right]^{\frac{1}{2}} = 1.065$$

出口处　　　　　$c_2 = \dfrac{c_0}{1.065} = \dfrac{624}{1.065} = 585.9\,\text{m/s}$

出口处　　　　　$Ma_2 = \dfrac{v_2}{c_2}$

故　　　　　$v_2 = Ma_2 c_2 = 0.9 \times 585.9 = 527.3\,\text{m/s}$

10.12　储气室的参数为：$p_0 = 1.52\,\text{MPa(ab)}$，$T_0 = 27\,℃$，空气从储气室通过一收缩喷管流入大气，设喷管的出口面积 $A_e = 31.7\,\text{mm}^2$，背压 $p_b = 101\,\text{kPa(ab)}$，不计损失。试求：(1)出口处压强 p_e；(2)通过喷管的质流量 Q_m。

解　(1) 空气的气体参数

$$\gamma = 1.4,\ R = 287\,\text{J/(kg·K)}$$

　由于　　　　$\dfrac{p_*}{p_0} = 0.528,\ p_* = 0.528 p_0 = 0.528 \times 1.52 = 0.803\,\text{MPa}$

$\dfrac{T_*}{T_0} = 0.833,\ T_* = 0.833 T_0 = 0.833 \times (27 + 273) = 249.9\,\text{K}$

又由于　　　　　$p_b = 101\,\text{kPa} < p_* = 803\,\text{kPa}$

因此喷管出口处的气流达临界状态，即出口处压强

$$p_e = p_* = 803\,\text{kPa}\quad \text{(ab)}$$

　(2) 出口处流速

$$v_* = c_* = \sqrt{\gamma R T_*} = \sqrt{1.4 \times 287 \times 249.9} = 316.9\,\text{m/s}$$

$$\rho_* = \frac{p_*}{RT_*} = \frac{803 \times 10^3}{287 \times 249.9} = 11.196 \text{ kg/m}^3$$

故 $\qquad Q_m = \rho_* v_* A = 11.196 \times 316.9 \times 31.7 \times 10^{-6} = 0.113 \text{ kg/s}$

10.13 如习题 10.13 图所示,空气从一个大容器经收缩喷管流出,容器内空气的压强为 $1.5 \times 10^5 \text{ Pa}$,温度为 27℃,喷管出口的直径 $d = 20 \text{ mm}$,背压 $p_b = 10^5 \text{ Pa}$。如果用一块平板垂直地挡住喷管出口的气流,试求固定此平板所需外力 F 的值。

解 由于 $\dfrac{p_*}{p_0} = 0.528$

$$p_* = 0.528 \times 1.5 \times 10^5 = 0.792 \times 10^5 \text{ Pa}$$

又由于 $\qquad p_b = 10^5 \text{ Pa} > p_*$

因此喷管出口压强 $\qquad p_e = p_b = 10^5 \text{ Pa}$

由 $\qquad \dfrac{p}{p_0} = \left(\dfrac{T}{T_0}\right)^{\frac{\gamma}{\gamma-1}} = \left(\dfrac{T}{T_0}\right)^{3.5}$

将 $p_0 = 1.5 \times 10^5 \text{ Pa}$, $T_0 = 300 \text{ K}$, $p = 10^5 \text{ Pa}$ 代入上式,得

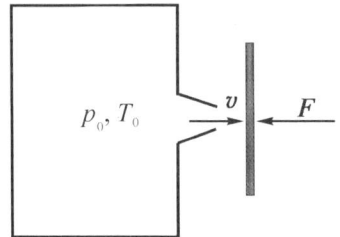

习题 10.13 图

$$T = 267.19 \text{ K}$$

由

$$\rho = \frac{p}{RT} = \frac{10^5}{287 \times 267.19} = 1.304 \text{ kg/m}^3$$

$$\rho_0 = \frac{p_0}{RT_0} = \frac{1.5 \times 10^5}{287 \times 300} = 1.742 \text{ kg/m}^3$$

利用等熵流动公式

$$\frac{\gamma}{\gamma-1} \frac{p}{\rho} + \frac{v^2}{2} = \text{常量}$$

即

$$3.5 \frac{p_0}{\rho_0} = 3.5 \frac{p_e}{\rho_e} + \frac{v^2}{2}$$

将 $\qquad p_0 = 1.5 \times 10^5 \text{ Pa}$, $p_e = 10^5 \text{ Pa}$

$\rho_0 = 1.742 \text{ kg/m}^3$, $\rho_e = 1.304 \text{ kg/m}^3$ 代入上式,解得出口处流速

$$v = 256.8 \text{ m/s}$$

由动量定理,得

$$F = \rho v^2 A = 1.304 \times 256.8^2 \times \frac{\pi}{4} \times 0.02^2$$

$$= 27 \text{ N}$$

10.14 气罐中空气经拉伐尔喷管流入背压 $p_b = 0.981 \times 10^5 \text{ Pa}$ 的大气中,气罐中的气体压强 $p_0 = 7 \times 10^5 \text{ Pa}$,温度 $T_0 = 313 \text{ K}$。已知拉伐尔管喉部的直径 $d_* = 25 \text{ mm}$,试求:(1)出口马赫数 Ma_2;(2)喷管的质流量;(3)喷管出口截面的直径 d_2。

解　(1) 由公式
$$\left(\frac{T}{T_0}\right)^{\frac{\gamma}{\gamma-1}} = \frac{p}{p_0}$$

其中 $\gamma = 1.4$，$T_0 = 313\ \text{K}$，$p_0 = 7 \times 10^5\ \text{Pa}$。

出口处压强　　　　$p_2 = p_b = 0.981 \times 10^5\ \text{Pa}$

将其代入上式,得出口处温度

$$T_2 = T_e = 178.74\ \text{K}$$

由于

$$\frac{T}{T_0} = \left(1 + \frac{\gamma-1}{2}Ma^2\right)^{-1}$$

将　$T_0 = 313\ \text{K}$，$T_2 = 178.74\ \text{K}$，$\gamma = 1.4$ 代入上式,得出口处马赫数

$$Ma_2 = 1.938$$

(2) 由于出口马赫数 $Ma_2 = 1.938 > 1$，因此气流在喉部达临界状态,流量按 $Q_m = \rho_* v_* A_*$ 计算:

$$T_* = 0.833T_0 = 0.833 \times 313 = 260.73\ \text{K}$$

$$v_* = c_* = \sqrt{\gamma R T_*} = \sqrt{1.4 \times 287 \times 260.73} = 323.67\ \text{m/s}$$

$$p_* = 0.528p_0 = 0.528 \times 7 \times 10^5 = 3.696 \times 10^5\ \text{Pa}$$

$$\rho_* = \frac{p_*}{R T_*} = \frac{3.696 \times 10^5}{287 \times 260.73} = 4.94\ \text{kg/m}^3$$

故　　　　$Q_m = \rho_* v_* \frac{\pi d_*^2}{4} = 4.94 \times 323.67 \times \frac{\pi}{4} \times 0.025^2 = 0.785\ \text{kg/s}$

(3) 出口处气流密度

$$\rho_2 = \frac{p_2}{R T_2} = \frac{0.981 \times 10^5}{287 \times 178.74} = 1.912\ \text{kg/m}^3$$

$$v_2 = Ma_2 c_2 = Ma_2 \sqrt{\gamma R T_2}$$

$$= 1.938 \times \sqrt{1.4 \times 287 \times 178.74} = 519.36\ \text{m/s}$$

由　　　　　　　$Q_m = \rho_2 v_2 \frac{\pi}{4} d_2^2$

解得出口截面的直径

$$d_2 = 31.73\ \text{mm}$$

附 录 A

对于非线性方程 $f(x) = 0$ 的数值求解,有很多方法,这里仅举例来介绍其中常用的两种方法。

1. 二分法

例(1) 利用二分法,求方程 $f(x) = x^3 - 2x - 5 = 0$ 在$[2, 3]$内的根的近似值。

解 首先判断在$[2, 3]$内是否有根,由于

$$f(2) = -1 < 0, \ f(3) = 16 > 0$$

故在$[2, 3]$内确实有根。

利用二分法计算列表如下:

计算表格

k	a_k	b_k	x_k	$f(x_k)$的符号
1	2	3	2.5	+
2	2	2.5	2.25	+
3	2	2.25	2.125	+
4	2	2.125	2.062 5	−
5	2.062 5	2.125	2.093 75	−
6	2.093 75	2.125	2.109 375	+

说明:表中 k 为二分法中根的序号,当第一次的根 $x_1 = 2.5$,将其代入函数 $f(x)$ 为 > 0 时,应与使函数 $f(x) < 0$ 的原根进行相加并取平均值,反之亦然。

取 $x_* \approx (2.093\ 75 + 2.109\ 375)/2 = 2.101\ 562\ 5$

其绝对误差为 $|x_* - x_7| \leqslant \dfrac{1}{2^7} = 0.007\ 812\ 5$

利用二分法时,误差为 $|x_* - x_{k+1}| \leqslant \dfrac{1}{2^{k+1}}(b - a)$

例(2) 设 $1 - x - \sin x = 0$ 在$[0, 1]$内有一个根,利用二分法求误差不大于 $\dfrac{1}{2} \times 10^{-4}$ 的根要迭代多少次,并求此根。

解 设 $f(x) = 1 - x - \sin x = 0$,

由于 $f(0) = 1 > 0, \ f(1) = -\sin 1 < 0$

又由于 $f'(x) = -1 - \cos x < 0, \ x \in [0, 1]$ 故 $f(x)$ 在$[0, 1]$为单调减函数,因此 $f(x)$ 在$[0, 1]$有且仅有一个根。

要求误差 $\leqslant \frac{1}{2} \times 10^{-4}$

即 $|x_* - x_{k+1}| \leqslant \frac{1}{2^{k+1}}(b-a) = \frac{1}{2^{k+1}}(1-0) = \frac{1}{2^{k+1}} \leqslant \frac{1}{2} \times 10^{-4}$

$2^k \geqslant 10^4$，$k \geqslant \frac{4\ln 10}{\ln 2} = 13.287$

故只需迭代 $k+1 = 15$ 次即可。

计算表格

k	a_k	b_k	x_k	$f(x_k)$的符号
1	0	1	0.5	+
2	0.5	1	0.75	−
3	0.5	0.75	0.625	−
4	0.5	0.625	0.562 5	−
5	0.5	0.562 5	0.531 25	−
6	0.5	0.531 25	0.515 625	−
7	0.5	0.515 625	0.507 812 5	−
8	0.5	0.507 812 5	0.503 906 25	+
9	0.503 906 25	0.507 812 5	0.505 859 375	+
10	0.505 859 375	0.507 812 5	0.506 835 937	+
11	0.506 835 937	0.507 812 5	0.507 324 218	+
12	0.507 324 218	0.507 812 5	0.507 568 359	+
13	0.507 568 359	0.507 812 5	0.507 690 429	+
14	0.507 690 429	0.507 812 5	0.507 751 464	+
15	0.507 751 464	0.507 812 5	0.507 781 982	+

迭代了 15 次求得此根为 $x_* = 0.507\ 781\ 982$

2. 牛顿迭代法

牛顿迭代法是比一般迭代法收敛较快的一种方法。其原理如附录图 1。设有一曲线为 $y = f(x)$，该曲线与 x 轴的交点，即满足 $f(x) = 0$，是方程 $f(x) = 0$ 的一个解。如果 (x_0, y_0) 是曲线上的点，即满足 $y_0 = f(x_0)$，倘若 $|y_0| \approx 0$，则 x_0 可视为方程 $f(x) = 0$ 的一个近似解，若 $|y_0|$ 相当小，则 x_0 的精度越高。为了求出精度较高的解，而且使求解过程更快，可以过 (x_0, y_0) 作曲线的切线，很显然，该切线的斜率为 $f'(x_0)$，设该切线与 x 轴交于 $(x, 0)$，那么

$$f'(x_0) = \frac{y_0}{x_0 - x}，\text{或者}\ x = x_0 - \frac{f(x_0)}{f'(x_0)}$$

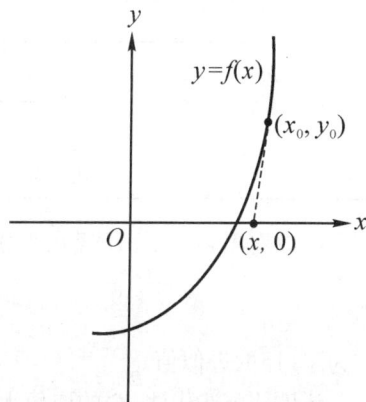

附录图 1

很显然，x 是方程 $f(x)=0$ 的一个根，且比 x_0 的精度更高，重复以上计算可得到精度相当高的根。

一般地说，牛顿迭代法公式为

$$x_{k+1} = x_k - \frac{f(x_k)}{f'(x_0)}, \quad k = 0, 1, 2, \cdots$$

例(3) 用牛顿迭代法求解 Leonardo 方程

$$x^3 + 2x^2 + 10x - 20 = 0$$

并要求 $\qquad\qquad\qquad |x_{k+1} - x_k| < 10^{-6}$

解 $f'(x) = 3x^2 + 4x + 10$

令 $f'(x) = 0$

由于判别式 $\Delta = b^2 - 4ac = 16 - 4 \times 3 \times 10 < 0$，因此 $f(x)$ 没有极值点。

由于 $f(1) = -7 < 0$，$f(2) = 16 > 0$，因此 $f(x) = 0$ 在 $(1, 2)$ 内仅有一根。

由于 $f''(x) = 6x + 4 > 0$，$f(2) > 0$，故应取 $x_0 = 2$

计算列表如下：

k	x_k	k	x_k
0		3	1.368 8
1	1.466	4	1.368 808 109
2	1.371	5	1.368 808 108

故要满足 $|x_{k+1} - x_k| < 10^{-6}$ 的根为 $x_* = 1.368\ 808\ 108$

例(4) 利用牛顿迭代法求 $\sqrt{115}$ 的近似值。

解 本题是找一个函数 $f(x)$，使得 $f(x)=0$ 的解为 $\sqrt{115}$，可设 $\quad f(x) = x^2 - 115 = 0$，求 $f(x) = 0$ 的正根。

由 $\quad f(10) = -15 < 0$，$f(11) = 6 > 0$

可知在 $(10, 11)$ 内方程有根。

由 $f'(x) = 2x > 0$，$f^{11}(x) = 2 > 0$，可取 $x_0 = 11$

k	x_k	k	x_k
0	11	2	10.723 805 86
1	10.727 272 73	3	10.723 805 30

可以看出，x_2，x_3 已经在小数点后有 6 位数字相同，故取

$$x_* = 10.723\ 805$$

它为 $\sqrt{115}$ 的近似值。

说明：用迭代法 x_0 的取值无论是取 10，或是 11，均可得到上述解，但取得好，在相同精度下，迭代次数会少一些。

例(5) 求方程 $\theta = \sin\theta + 1.2\pi$ 的解。

解 设 $f(\theta) = \theta - \sin\theta - 1.2\pi = 0$

由
$$f(3.4) = -0.112 < 0$$
$$f(3.5) = 0.0808 > 0$$

可知在$(3.4, 3.5)$内方程有根。

由 $f'(\theta) = 1 - \cos\theta > 0$，$f''(\theta) = \sin\theta > 0$

取 $\theta_0 = 3.5$

k	θ_k	k	θ_k
0	3.5	2	3.456 586 22
1	3.458 273 084	3	3.457 406 397

故方程的解为 $\theta_* = 3.457\ 406\ 397$

附　录　B

a. 测试试卷

试卷 1

1. 如图所示,有一圆形容器,内装三种液体,上层为比重 $d_1 = 0.8$ 的油,中层为比重 $d_2 = 1$ 的水,下层为比重 $d_3 = 13.6$ 的水银。已知各层的高度均为 $h = 0.5$ m,容器直径 $D = 1$ m,试求:

   (1) A、B 点的相对压强;

   (2) A、B 点的绝对压强(用水柱高度表示);

   (3) 容器底面 EF 上的相对总压力。

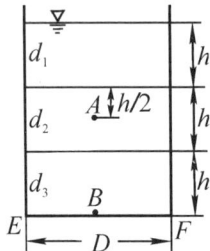

题 1 图

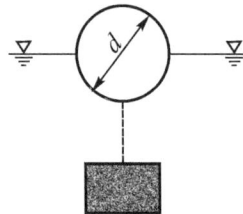

题 2 图

2. 如图所示,一直径 $d = 1$ m 的球一半浸没在海水中,海水的比重为 1.025,为使它完全淹没在海水中,在球的下面系一混凝土块,混凝土块的密度 $\rho_m = 2\,400\,\text{kg/m}^3$,试求所需混凝土块的重量。

3. 一平面恒定流动的 x 方向的速度分量为 $u = 3ax^2 - 3ay^2$,在 $x = 0$ 处 $v = 0$,试求:通过 $A(0, 0)$,$B(1, 1)$ 两点连线的单位宽度流量。

4. 在水深 $d = 45$ m 的海面上有一前进波,波高 $H = 4$ m,波长 $\lambda = 80$ m,试求:

   (1) 水面下 7 m 深处水质点所受的压强;

   (2) 用图表示该质点在波动时的最高位置和最低位置。

5. 试用瑞利法求理想流体经圆形孔口出流的流量关系式。假设孔口的出流量 Q 与孔口直径 d,作用水头 H_0 和重力加速度 g 有关。

6. 如图所示平板闸门下出流,已知:$H = 4$ m,$h_e = 1$ m,闸门宽 $B = 3$ m,流量 $Q = 20\,\text{m}^3/\text{s}$,不计水头损失,试求:作用在闸门上的动水总压力。

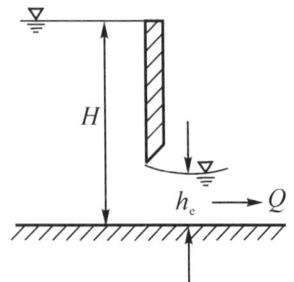

题 6 图

试卷 2

1. 如图所示，一封闭容器水表面绝对压强 $p_{ab} = 85$ kPa，中间玻璃管两端是开口的，当既无空气通过玻璃管进入容器，又无水进入玻璃管时，求玻璃管应该伸入水面下的深度 h。

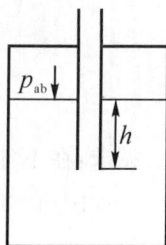

2. 已知不可压缩平面流动的速度势 $\varphi = 0.04x^3 + axy^2$，$x$、$y$ 单位为 m，φ 的单位为 m^2/s，试求：
   (1) 常数 a；
   (2) 点 $A(0, 0)$ 和 $B(3, 4)$ 间的压强差 Δp。（设流体的密度 $\rho = 1\,000$ kg/m^3）

题 1 图

3. 如图所示管路，已知容器 B 的初始水位为 h_1，截面积为 A，当管中流入和流出随时间变化的流量分别为 $Q_1(t)$ 和 $Q_2(t)$ 时，写出容器 B 中水深 $h(t)$ 的表达式。

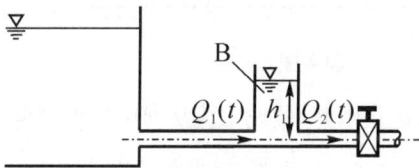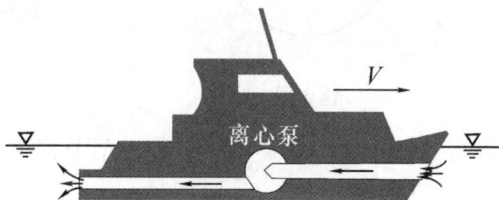

题 3 图　　　　　　　　　　　　题 4 图

4. 如图所示为射流推进船的简图。用离心式水泵将水从船艏吸入，再从船艉喷出。已知，水流相对于船喷出的速度 $v_r = 9$ m/s，船的航行速度 $V = 18$ km/h，离心式水泵的流量 $Q = 900$ L/s，不计水流在吸水管中的水头损失，试求：
   (1) 船的推进力 F；
   (2) 船的推进效率 η。

5. 有一弧形闸门下出流，今以长度比尺 $\lambda_l = 10$ 做模型实验，试求：
   (1) 已知原型上游水深 $H_p = 5$ m，计算模型上游水深；
   (2) 已知原型流量 $Q_p = 30$ m^3/s，计算模型中流量；
   (3) 在模型上测得水流对闸门的作用力 $F_m = 400$ N，计算原型上水流对闸门的作用力。

6. 滞止压强 $p_0 = 3 \times 10^5$ Pa，滞止温度 $T_0 = 330$ K 的空气流经一拉伐尔喷管，出口处温度 $-13℃$，求出口马赫数 Ma。又若喉部面积为 $A_* = 10$ cm^2，求喷管的质流量。

试卷 3

1. 如图所示，某运水汽车以 30 km/h 的速度行驶，车上装有高 $h = 1$ m，宽 $b = 2$ m，长 $l = 3$ m 的长方形水箱。当车遇到特殊情况时，要求在 100 m 的水平路段上制动停止（可以认为汽车是作匀减速运动），此时箱内一端的水面恰好到水箱的上缘，试求：水箱内的盛水量。

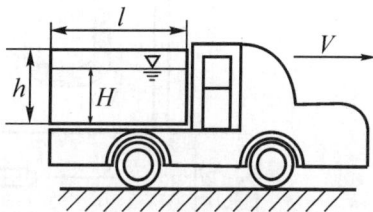

题 1 图

2. 已知理想流体不可压缩平面流动的速度分布为

$$\begin{cases} v_r = 0 \\ v_\theta = \dfrac{A}{r} \end{cases} \quad (A \text{ 为常数})$$

试求:在不计重力时的压强分布。(假设 $r = \infty$ 处,$p = p_\infty$)

3. 一如图所示的钢筋混凝土渡槽断面,下部为半圆形 $r = 1\,\text{m}$,上部为矩形 $h = 0.5\,\text{m}$,槽长 $l = 200\,\text{m}$,进出口槽底高程差 $\Delta z = 0.4\,\text{m}$,设槽中为均匀流动,试求通过渡槽的流量 Q。

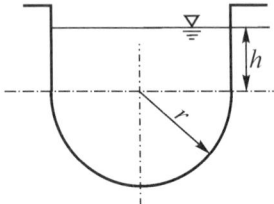

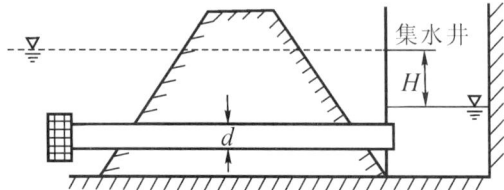

题 3 图   题 4 图

4. 某自来水厂用直径 $d = 0.5\,\text{m}$ 的水管从河道中引水进集水井,假设水流从河中经水管至集水井的总水头损失 $h_L = 6\dfrac{V^2}{2g}$,河水位与井水位高差 $H = 2\,\text{m}$,试求:此时通过管道的流量 Q。

5. 有一直径 $d = 20\,\text{cm}$ 的输油管道,输送运动黏度 $\nu = 40 \times 10^{-6}\,\text{m}^2/\text{s}$ 的油,其流量 $Q = 10\,\text{L/s}$。若在模型实验中采用直径为 $5\,\text{cm}$ 的圆管,试求:

(1) 模型中用 20℃ 的水做实验时的流量;

(2) 模型中用运动黏度 $\nu = 17 \times 10^{-6}\,\text{m}^2/\text{s}$ 的空气做实验时的流量。

6. 封闭容器中氮气的滞止压强 $p_0 = 4 \times 10^5\,\text{Pa}$,滞止温度 $T_0 = 298\,\text{K}$,气体从收缩喷管流出,设出口直径为 $d = 50\,\text{mm}$,出口外部背压 $p_b = 10^5\,\text{Pa}$,已知氮气 $R = 297\,\text{J/(kg·K)}$,$\gamma = 1.4$,求氮气的质流量。

试卷 4

1. 如图所示,在直径 $d = 150\,\text{mm}$ 的输水管中,装置一皮托管,水银面高差 $\Delta h = 20\,\text{mm}$,设管中断面平均流速 $V = 0.84 v_{\max}$,试求管中的流量 Q。

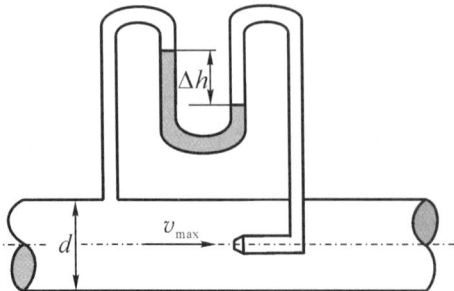

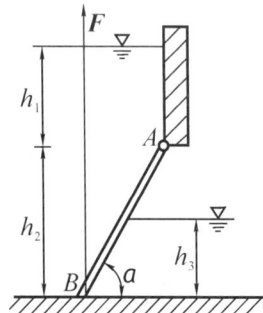

题 1 图   题 2 图

2. 如图所示矩形闸门 AB 的宽 $b = 3\,\mathrm{m}$，门重 $G = 9\,800\,\mathrm{N}$，$\alpha = 60°$，$h_1 = 1\,\mathrm{m}$，$h_2 = 1.73\,\mathrm{m}$，试求：

（1）下游无水时开启门的力 F；

（2）下游有水时，且当 $h_3 = h_2/2$ 时开启门的力 F。

3. 如图所示管路，首先由直径 d_1 缩小到 d_2，然后又突然扩大到直径 d_1，已知：直径 $d_1 = 20\,\mathrm{cm}$，$d_2 = 10\,\mathrm{cm}$，U 形水比压计读数 $\Delta h = 50\,\mathrm{cm}$，试求管中流量 Q。

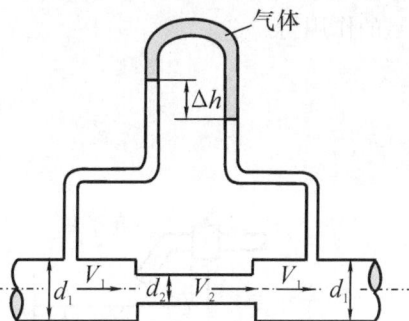

题 3 图

4. 一潜水艇以长度比尺 $\lambda_l = 10$ 的模型在风洞中进行阻力实验，当风洞中空气的运动黏度 $\nu_{空气} = 12 \times 10^{-6}\,\mathrm{m^2/s}$ 和密度 $\rho_{空气} = 1.55\,\mathrm{kg/m^3}$ 时的阻力为 $3\,000\,\mathrm{N}$，试求当潜艇以 $35\,\mathrm{km/h}$ 的速度在水下航行时所需的功率。（海水的 $\nu_p = 1.3 \times 10^{-6}\,\mathrm{m^2/s}$，$\rho_p = 1\,025\,\mathrm{kg/m^3}$）

5. 空气气流在收缩管内作等熵流动，截面 1 处的马赫数为 $Ma_1 = 0.3$，截面 2 处的马赫数为 $Ma_2 = 0.7$，试求两截面的面积比。

6. 已知某无限深水微幅进行波的波高 $H = 1.0\,\mathrm{m}$，波长 $\lambda = 8\,\mathrm{m}$，试求：

（1）波面方程；

（2）波倾角的变化规律。

试卷 5

1. 如图所示矩形沉箱，已知：长 $l = 15\,\mathrm{m}$，宽 $b = 6\,\mathrm{m}$，高 $h = 7\,\mathrm{m}$，重量 $G = 750\,\mathrm{kN}$，试求：

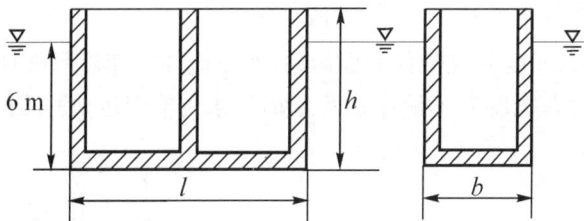

题 1 图

（1）当放入水中时将沉入多少 m？

（2）若河中水深为 6 m 时，欲将沉箱沉到海底需增加多大的重量？

2. 已知平面流动的黏性流体流速分量为

$$\begin{cases} u = Ax \\ v = -Ay \end{cases} \quad (A\ 为常数)$$

试求：（1）法向应力 p_{xx}，p_{yy} 和切向应力 τ_{xy}，τ_{yx}；

（2）不计重力作用，且 $x = y = 0$ 处压强为 p_0，写出压强分布表达式。

3. 如图所示为水箱侧壁上的小孔口出流,为了保持恒定高度 $H = 1\text{ m}$,由顶部水管补充水量,已知水管直径 $d_1 = 10\text{ cm}$,孔口直径 $d_2 = 5\text{ cm}$,$\theta = 60°$,不计水头损失,求水箱受到的作用力。

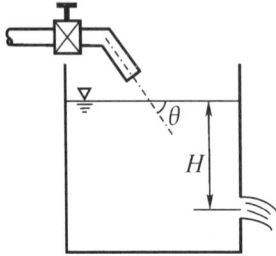

题 3 图

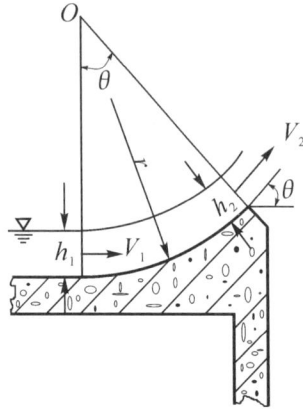

题 4 图

4. 如图所示为一溢流式水电站厂房的挑流鼻坎,其中:挑射角 $\theta = 30°$,反弧半径 $r = 20\text{ m}$,单位宽度流量 $Q = 80\text{ m}^2/\text{s}$,反弧起始断面的流速 $V_1 = 30\text{ m/s}$,射出流速 $V_2 = 29\text{ m/s}$,不计坝面与水流间的摩擦阻力,求水流对挑流鼻坎的作用力。

5. 已知某海域水深 $d = 5\text{ m}$,波长 $\lambda = 2\pi\text{ m}$,波高 $H = 0.8\text{ m}$,试求 2 m 水深处的波高 ζ。

6. 某水库以长度比尺 $\lambda_l = 100$ 做底孔放空模型实验,今在模型上测得放空时间为 12 小时,试求:原型上放空水库所需的时间。

试卷 6

1. 如图所示,传输带以速度 V 在液体表面运动,假设流体中速度呈线性分布,流体的黏度为 μ,传输带的长度为 l,宽度为 b,液体厚度为 h,试求传输带运动所需的功率。

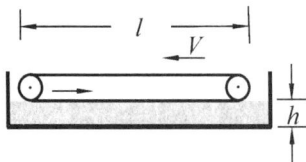

题 1 图

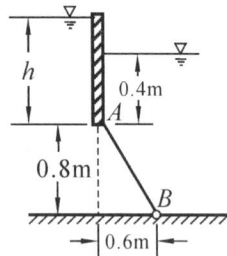

题 2 图

2. 如图,河道中有一闸门 AB,宽 0.5 m,水中重 1 000 kg,以铰支 B 固定于河床,A 端靠在光滑的壁面上,各参数如图所示,假设水的密度为 1 000 kg/m³,求闸门左边的高度 h 达到多少时,闸门刚好打开?

3. 如图所示,闸门 ABC 宽 $b = 2\text{ m}$,固定在铰支 B 上。试求当 h 为多大时,可使闸门逆时针转向打开?(不计闸门自重)

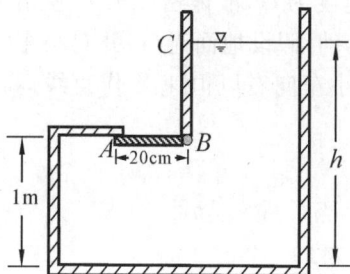

题 3 图

4. 如图,U 型管 AB 绕 C 轴作旋转,若要达到如图的运动状态,旋转角速度 ω 应为多大?

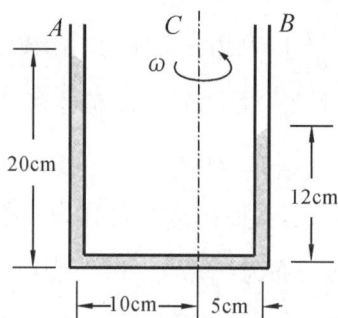

题 4 图

5. 如图,来流速度 $V = 25 \text{ m/s}$,来流直径 $d_1 = 6 \text{ cm}$,射在一具有小孔的平板上,小孔直径 $d_2 = 4 \text{ cm}$,一部分流体从小孔中喷出。假设流体密度 $\rho = 1\,000 \text{ m}^3/\text{s}$,试求要维持这一状态,需在平板上施加多大的力?

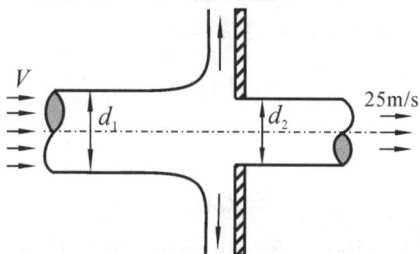

题 5 图

6. 不可压缩流体的平面流动的速度分布为:

$$\begin{cases} u = x^2 - y^2 + x \\ v = -2xy - y \end{cases}$$

试求:(1) 过点 $A(1, 2)$ 的加速度;

    (2) 求平面流动流函数及流线方程;

    (3) 判断流动是否有旋,若无旋,求出速度势函数。

7. 如图,端口面积为 A,出流速度为 U,液体密度为 ρ,喷出的流体撞击小车使其发生运动,假设地面光滑,并对小车施加一个水平作用力 F,使小车向右以恒速 V 作直线运动。试求:

   (1) F 的大小;

   (2) 喷嘴对小车产生的功率 P;

   (3) 当 V 多大时, P 达到最大?

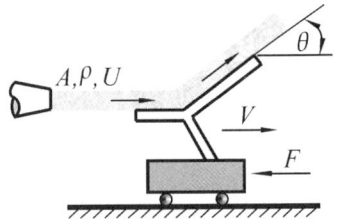

题 7 图

8. 船舶模型试验,实船船长为 35 m,设计航速 11 m/s,模型试验在水槽中完成,模型船船长为 1 m,按弗劳德准则设计试验,则模型船的船速应为多大? 不计黏性力,维持实物船和模型船的运动状态所需的功率之比为多少?

9. 低速管路层流流动中,流量 Q 是管路直径 d、流体黏度 μ 以及沿单位长度管路上的压强降 $\dfrac{\mathrm{d}p}{\mathrm{d}x}$ 的函数,即 $Q = f\left(d, \mu, \dfrac{\mathrm{d}p}{\mathrm{d}x}\right)$,利用 π 定理,求出函数 f 的简单关系式。

10. 离心泵的功率 P 是流量 Q、叶轮直径 D、转速 ω、流体密度 ρ 以及流体黏度 μ 的函数

$$P = f(Q, D, \omega, \rho, \mu)$$

   利用 π 定理,写出无量纲关系式。(将 ω、ρ 和 D 作为基本量)

11. 层流平板边界层,内部的速度分布为:$\dfrac{u}{U_0} = \dfrac{3}{2}\dfrac{y}{\delta} - \dfrac{1}{2}\left(\dfrac{y}{\delta}\right)^3$,其中 U_0 为边界层外部流速,试求 $\delta(x)$。当平板长度为 l,宽度为 b 时,求平板摩擦阻力 F_D,摩擦阻力因数 C_{Df}。

12. 如图,使用力 F 推进活塞使得圆管管口出流,要使细管的出流流量为 $Q = 0.15$ cm³/s,F 应为多大?(流体密度 $\rho = 900$ kg/m³,黏度 $\mu = 0.002$ Pa·s)

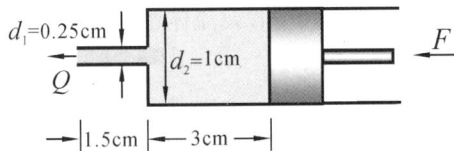

题 12 图

b. 参考答案

试卷 1

1. (1) 6.375 kPa, 75.514 kPa; (2) 10.65 m H_2O, 17.7 m H_2O (3) 59.278 kN;

2. 4.59 kN; 3. $2a$; 4. (1) 7 mH_2O; (2) 8.155 m, 5.85 m; 5. $Q = \dfrac{\pi}{4}d^2\sqrt{2gH_0}$;

6. 120.66 kN(方向→)。

试卷 2

1. 1.33 m; 2. (1) $a = -0.12$; (2) 4.5 kPa; 3. $h(t) = h_1 + \displaystyle\int_0^t \dfrac{Q_1(t) - Q_2(t)}{A}\mathrm{d}t$;

4. (1) $F = 3.6$ kN; (2) $\eta = 71.4\%$; 5. (1) 0.5 m; (2) 95 L/s; (3) 400 kN;

6. $Q_m = 0.6675$ kg/s。

试卷 3

1. 5.68 m³; **2.** $p = p_\infty - \dfrac{\rho A^2}{2r^2}$; **3.** $Q = 5.94$ m³/s; **4.** $Q = 0.502$ m³/s;

5. (1) 0.063 L/s; (2) 1.06 L/s; **6.** $Q_m = 1.8066$ kg/s。

试卷 4

1. $Q = 33$ L/s; **2.** (1) 131.6 kN; (2) 110.39 kN; **3.** $Q = 25.4$ L/s;

4. 226.21 kW; **5.** $\dfrac{A_2}{A_1} = 0.5378$; **6.** (1) $\zeta = 0.5\cos(0.785x - 2.77t)$;

(2) $\tan\alpha = -0.393\sin(0.785x - 2.77t)$。

试卷 5

1. (1) 0.85 m; (2) 4545.78 kN; **2.** (1) $p_{xx} = p - 2\mu A$ $p_{yy} = p + 2\mu A$ $\tau_{xy} =$

$\tau_{yx} = 0$; (2) $p = p_0 - \dfrac{\rho A^2}{2}(x^2 + y^2)$; **3.** $F_x = 33.7$ N($\leftarrow$) $F_y = 8.33$ N($\downarrow$);

4. $F_x = 397.8$ kN($\rightarrow$) $F_y = 1431.9$ kN($\downarrow$); **5.** $\zeta = 0.108$ m; **6.** 5 天。

试卷 6

1. $P = \dfrac{\mu V^2 lb}{h}$; **2.** $h = 1.6$ m; **3.** $h = 1.346$ m; **4.** $\omega = 14.46$ rad/s; **5.** $F =$

982 N; **6.** (1) $a_x = 18$, $a_y = 26$; (2) $\psi = x^2 y - \dfrac{y^3}{3} + xy$, $\psi = C$; (3) $\varphi = \dfrac{x^3}{3} - xy^2 +$

$\dfrac{x^2}{2} - \dfrac{y^2}{2}$; **7.** (1) $F = \rho(U - V)^2 A(1 - \cos\theta)$; (2) $P = \rho(U - V)^2 A(1 - \cos\theta)V$;

(3) $V = \dfrac{1}{3}U$; **8.** $V_m = \dfrac{V_p}{\sqrt{\lambda_l}} = \dfrac{11}{\sqrt{35}} = 1.859$ m/s, $\dfrac{P_p}{P_m} = 35^{\frac{7}{2}}$; **9.** $Q = k\dfrac{d^4}{\mu\left(\dfrac{\mathrm{d}p}{\mathrm{d}x}\right)}$ (k 为系

数); **10.** $\dfrac{P}{\rho\omega^3 D^5} = f\left(\dfrac{Q}{\omega D^2}, \dfrac{\mu}{\rho\omega D^2}\right)$; **11.** $\delta(x) = 4.641\sqrt{\dfrac{\mu x}{\rho U_0}}$, $F_D = 0.6464 \times$

$\sqrt{\mu\rho U_0 L}U_0 B$, $C_{Df} = 1.293\mathrm{Re}_1^{-\frac{1}{2}}$; **12.** $F = 4.198 \times 10^{-4}$ N。